职业教育机电类专业"十三五"规划教材

液压与气压传动技术运用

主　编　蔺心书　李洪萍

副主编　张贵良　袁丽华

　　　　杨思思　刘　岩

主　审　辜红兵

西南交通大学出版社

·成都·

图书在版编目（ＣＩＰ）数据

液压与气压传动技术运用 / 蔺心书，李洪萍主编
. —成都：西南交通大学出版社，2019.1
职业教育机电类专业"十三五"规划教材
ISBN 978-7-5643-6744-2

Ⅰ．①液… Ⅱ．①蔺… ②李… Ⅲ．①液压传动－高
等职业教育－教材②气压传动－高等职业教育－教材
Ⅳ．①TH137②TH138

中国版本图书馆 CIP 数据核字（2019）第 017826 号

职业教育机电类专业"十三五"规划教材

液压与气压传动技术运用

主　编／蔺心书　李洪萍　　　　责任编辑／李　伟
　　　　　　　　　　　　　　　封面设计／何东琳设计工作室

西南交通大学出版社出版发行

（四川省成都市二环路北一段 111 号西南交通大学创新大厦 21 楼　610031）
发行部电话：028-87600564　　　　028-87600533
网址：http://www.xnjdcbs.com
印刷：成都蜀通印务有限责任公司

成品尺寸　185 mm×260 mm
印张　11.25　　字数　246 千
版次　2019 年 1 月第 1 版　　印次　2019 年 1 月第 1 次

书号　ISBN 978-7-5643-6744-2
定价　32.00 元

前　言

本书根据中等职业学校学生的知识水平、认知特点以及中等职业教育机电专业人才培养目标和岗位技能要求编写而成。为了更好地适应当前我国职业院校跨越式发展，满足企业的人才培养要求，编者在编写过程中突出应用特色，理论联系实际，并与工程实践相结合。本书以液压与气动理论知识为支撑，采取项目式教学进行编排，将各知识点有目标地分布到各实际应用的项目中，使理论与实际应用有机地结合在一起。另外在每个项目学习之后，都有相应的实践练习，以强化学生的实践能力，达到理实合一、交互渗透，突出了工学结合与职业素质的培养，满足学生职业生涯发展的需要。

本书采用项目式教学的方式，将本课程分为液压与气压两大部分。其中，液压传动包含 11 个项目，分别为液压传动系统的认知、平面磨床及其工作台运动（一）、平面磨床及其工作台运动（二）、汽车起重机支腿收放、粘压机、数控车床卡盘夹紧、钻床、数控车床尾座套筒、组合机床动力滑台、汽车起重机变幅机构、汽车起重机液压系统的识读；气压传动包含 2 个项目，分别为电车、汽车自动开门装置，模拟钻床上占孔动作。各项目的结构包括项目描述、教学目标、项目分析、问题探究、实践操作、知识拓展和巩固练习 7 个部分。

本书由齐齐哈尔技师学院蔺心书、李洪萍担任主编，张贵良、袁丽华、杨思思、刘岩担任副主编，辜红兵担任主审。

由于编者水平有限，书中难免存在不足之处，请读者批评指正。

编　者

2018 年 11 月

目　录

第一部分　液压传动

第二部分　气压传动

第一部分　液压传动

项目一　液压传动系统的认知

📔 项目描述

液压千斤顶,又称油压千斤顶,是一种采用柱塞或液压缸作为刚性顶举件的千斤顶。液压千斤顶是简单起重设备的一种,一般只备有起升机构,用以起升重物,其构造简单、质量轻、便于携带、移动方便。

💡 教学目标

1. 能力目标

学生通过理论知识的探索学习,培养发现问题、解决问题的能力。

2. 知识目标

(1)掌握液压传动的工作原理、系统组成及各部分作用。
(2)掌握液压系统压力和流量的定义、公式及单位。

3. 素质目标

培养学生善于发现周围的一些液压系统,并探究其是应用什么原理实现的。

📖 项目分析

观察与思考: 图 1-1 中液压千斤顶是如何将重物举起的? 它的动力是怎样产生的? 操作人员又是用什么样的装置将重物举起的?

图 1-1　液压千斤顶实物图

任务一 液压系统的原理及组成

通过了解液压千斤顶的工作过程，思考：它内部的结构是什么样的呢？是利用什么原理进行工作的呢？主要用到了哪些元件？这些元件又起到了什么作用？

一、液压千斤顶的工作原理

图 1-2 是液压千斤顶的工作原理图。大油缸 3 和大活塞 4 组成举升液压缸。杠杆手柄 6、小油缸 8、小活塞 7、单向阀 5 和 9 组成手动液压泵。如提起手柄使小活塞向上移动，小活塞下端油腔容积增大，形成局部真空，这时单向阀 9 打开，通过吸油管 1 从油箱中吸油；用力压下手柄，小活塞下移，小活塞下腔压力升高，单向阀 9 关闭，单向阀 5 打开，下腔的油液经管道输入举升油缸 3 的下腔，迫使大活塞 4 向上移动，顶起重物。再次提起手柄吸油时，单向阀 5 自动关闭，使油液不能倒流，从而保证了重物不会自行下落。不断地往复扳动手柄，就能不断地把油液压入举升缸下腔，使重物逐渐地升起。如果打开截止阀 2，举升缸下腔的油液通过管道、截止阀 2 流回油箱，重物就向下移动。这就是液压千斤顶的工作原理。

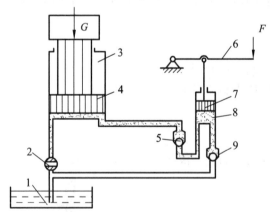

图 1-2 液压千斤顶工作原理

1—油箱；2—放油阀；3—大缸体；4—大活塞；5，9—单向阀；
6—杠杆手柄；7—小活塞；8—小缸体

液压传动的工作原理总结如下：以液体作为工作介质，利用密封容积的变化传递动力，利用液体的压力传递动力。

二、液压传动系统的组成及各部分的作用

液压系统主要由动力元件（油泵）、执行元件（油缸、液压马达）、控制元件（各种阀）、辅助元件和工作介质五部分组成。

1. 动力元件（油泵）

它的作用是利用液体把原动机的机械能转换成液压力能；是液压传动中的动力部分。

2. 执行元件（油缸、液压马达）

它是将液体的液压能转换成机械能。其中，油缸做直线运动，马达做旋转运动。

3. 控制元件

控制元件包括压力阀、流量阀和方向阀等。它们的作用是对液压系统中工作液体的压力、流量和流向进行调节控制。

4. 辅助元件

辅助元件是除上述三部分以外的其他元件，包括压力表、滤油器、蓄能装置、油管、管接头、油箱等，起测量、过滤、蓄能、连接、储油等作用。

5. 工作介质

工作介质是指各类液压传动中的液压油或乳化液。

任务二　液压系统的压力、流量

想一想：从图 1-3 中你能想到什么？

图 1-3　引导图

一、液压系统的压力

1. 压力的概念、公式及单位

油液的压力是由油液的自重和油液受到外力作用所产生的。在液压传动中，与油液受到外力相比，油液的自重一般很小，可忽略不计。以后所说的油液压力主要是指因油液表面受外力作用所产生的压力，即相对压力或表压力。

如图1-4（a）所示，液压缸左腔充满油液，当活塞受到向左的外力F作用时，液压缸左腔内的油液（被视为不可压缩）受活塞的作用，处于被挤压状态，同时，油液对活塞有一个反作用力F_p而使活塞处于平衡状态。不考虑活塞的自重，则活塞平衡时的受力情形如图1-4（b）所示。作用于活塞的力有两个：一个是外力F，另一个是油液作用于活塞的力F_p，两个力相等，方向相反。如果活塞的有效作用面积为A，则活塞作用在油液单位面积上的压力为F/A。即油液单位面积上承受的作用力，称之为压强，在工程上习惯称为压力，用符号p表示，公式如下：

$$p = \frac{F}{A}$$

式中　p——油液的压力（Pa）；

　　　F——作用在油液表面的外力（N）；

　　　A——油液表面的承压面积，即活塞的有效作用面积（m^2）。

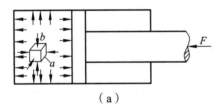　　　　　　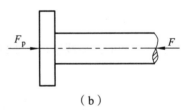

（a）　　　　　　　　　　　　　　　　　（b）

图1-4　油液压力的形成

压力的国际计量单位符号是Pa（帕，N/m^2），它还有非国际计量单位，如工程大气压为at（kgf/cm^2）、液柱高（mmHg、mH_2O）等。各种压力单位之间的换算关系如下：

$$1\ Pa = 1\ N/m^2$$
$$1\ at = 1\ kgf/cm^2 = 9.8 \times 10^4\ N/m^2$$
$$1\ mH_2O = 9.8 \times 10^3\ N/m^2$$
$$1\ mmHg = 1.33 \times 10^2\ N/m^2$$

📖小知识点

液压系统中压力单位常为MPa（兆帕），$1\ MPa = 10^6\ Pa$。

2. 压力和负载的关系

如图1-5（a）假定$F=0$，由液压泵输入液压缸左腔的油液不受任何阻挡就能推动活塞向右运动，此时，油液的压力为零（$p=0$）。如图1-5（b）活塞受到外界负载F，液压泵输出而进入到液压缸左腔的油液受到挤压，油液的压力从零开始由小到大迅速升高，作用在活塞有效面积A上的液压作用力也迅速增大，当液压作用力足以克服外界负载F时，液压泵输出的油液迫使液压缸左腔的密封容积增大，从而推动活塞向右运动。一般情况下，活塞做匀速运动时，作用在活塞上的力相互平衡，即液压作用力等于负载阻力，因此，可知油液的压力$p=F/A$。如图1-5（c）若活塞在运动过程中负载F保持不变，则油液不会再受更大的挤压，压力就不会继续上升。也就是说，液压传动系统中油液的压力取决于负载的大小，并随负载大小的变化而变化。

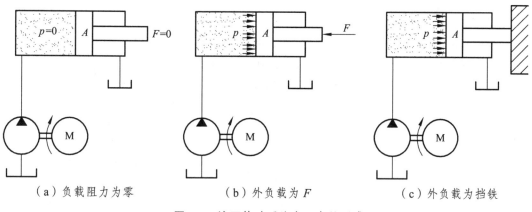

（a）负载阻力为零　　　　（b）外负载为F　　　　（c）外负载为挡铁

图1-5　液压传动系统中压力的形成

二、液压系统的流量

再想一想：从图1-6中又能想起哪两个字？

图1-6　引导图

1. 流量的定义、公式及单位

单位时间内流过管路或液压缸某一通流截面的油液体积称为流量，用符号q表示。若

在时间 t 内流过管路或液压缸某一通流截面的油液体积为 V，则油液的流量 $q = V/t$。

流量的单位符号为 m^3/s，常见单位符号为 L/min，换算关系为

$$1\ m^3/s = 6 \times 10^4\ L/min$$

2. 流量与流速的关系

流速：由于液体具有黏性，液体在管中流动时，在同一截面上各点的流速是不相同的，分布规律为抛物线，为了方便计算，引入一个平均流速的概念。即假设通流截面上各点的流速为平均流速，用 v 来表示，则通过通流截面的流量就等于平均流速乘以通流截面面积。即平均流速为

$$v = q/A$$

3. 液流连续性原理

理想液体在无分支管路中做稳定流动时，通过每一个截面的流量相等，这称为液流连续性原理，如图 1-7 所示。油液的可压缩性小，通常可视作理想液体，其表达式为

$$q = v_1 A_1 = v_2 A_2 = v_3 A_3 = \cdots = v_n A_n = 常数$$

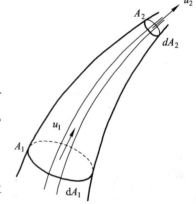

图 1-7　液体的流量连续性示意图

做一做：图 1-8 为液压千斤顶工作过程的简图，假设作用在小活塞上的力 $F_1 = 5.78 \times 10^3\ N$，已知小活塞面积 $A_1 = 1 \times 10^{-4}\ m^2$，大活塞面积 $A_2 = 5 \times 10^{-4}\ m^2$，问此千斤顶能举起多重的重物？若小活塞工作时的运动速度是 0.2 m/s，大活塞的运动速度是多少？

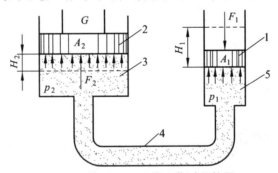

图 1-8　液压千斤顶的工作过程简图

1—小活塞；2—大活塞；3—液压缸油腔；4—管路；5—柱塞泵油腔

📖 小知识点

静压传递原理为，密闭容器内静止油液中任意一点的压力如有变化，其压力的变化值将传递给油液的各点，且其值不变，这就是静压传递原理，即帕斯卡原理。

小活塞下方油液的压力为

$$p = \frac{F_1}{A_1} = \frac{5.78 \times 10^3 \, \text{N}}{1 \times 10^{-4} \, \text{m}^2} = 5.78 \times 10^7 \, \text{N/m}^2$$

根据帕斯卡原理，千斤顶能提起的重物为

$$G = pA_2 = 5.78 \times 10^7 \, \text{N/m}^2 \times 5 \times 10^{-4} \, \text{m}^2 = 28\,900 \, \text{N}$$

小活塞下方的油液的流量为

$$q = v_1 \times A_1 = 0.2 \, \text{m/s} \times 1 \times 10^{-4} \, \text{m}^2 = 0.2 \times 10^{-4} \, \text{m}^3/\text{s}$$

根据液流连续性原理，大活塞的运动速度为

$$v_2 = \frac{q}{A_2} = \frac{0.2 \times 10^{-4} \, \text{m}^3/\text{s}}{5 \times 10^{-4} \, \text{m}^2} = 0.04 \, \text{m/s}$$

由上式可知作用在小活塞上的力 $F_1 = 5.78 \times 10^3$ N，而在大活塞一侧能抬起的重物 $G = 28\,900$ N，即液压千斤顶可以用较小的力抬起很重的重物。小活塞的运动速度是 0.2 m/s，而大活塞的运动速度是 0.04 m/s，即重物的上升速度是 0.04 m/s。小活塞截面面积 A_1 小而运动速度快，大活塞截面面积 A_2 大而运动速度慢，这说明液压缸或管路截面面积与运动速度成反比。

实践操作

1. 认识元件

认识液压实训台上面元件的名称（见图 1-9），并指出它是属于系统中的哪个部分，各起什么作用。

图 1-9 液压实训台

2. 熟知本实验室使用注意事项

（1）进入实验室前，要穿戴好工作服及绝缘鞋，女学员要戴好工作帽，否则不允许参加实践培训。学员要严格遵守实训室安全操作及使用管理制度。

（2）操作注意事项。

① 工作前先检查液压系统压力是否符合要求，再检查各控制阀、按钮、开关、阀门、限位装置等是否灵活可靠，确认无误后方可开始工作。

② 开机前应先检查各紧固件是否牢靠，各运转部分及滑动面有无障碍物，限位装置及各个插头是否连接完好等。

③ 油缸活塞发现抖动或油泵发生尖锐声响，或工作中出现异常现象应立即按下急停按钮，停机检查、排除故障后方可再工作。

④ 工作完毕后应先关闭工作油泵，再关闭控制系统，切断电源，擦净设备并做好实验记录。

⑤ 严禁乱调调节阀及压力表，应定期校正压力表。

⑥ 保证液压油液不污染，不泄漏，工作油温度不得超过 45 ℃。

（3）严禁把实验室内的仪器、仪表、配件、模块等带出实验室。必须按有关规定，正确使用仪器、仪表及设备；不得擅自动用与实验无关的其他物品。

（4）实训指导教师要如实记录实验过程中的相关内容，对损坏的仪器、仪表及设备要及时上报，按有关规定执行。

（5）实验结束后应及时做好各工位和室内的卫生等工作，经实训指导教师检查合格后方可离开。

（6）实训指导教师是实践操作的第一安全责任人，要做好安全教育和检查指导工作。

知识拓展

帕斯卡

布莱士·帕斯卡（Blaise Pascal，见图 1-10）公元 1623 年 6 月 19 日出生于多姆山省奥弗涅地区的克莱蒙费朗，法国数学家、物理学家、哲学家、散文家。1641 年，帕斯卡又随家移居鲁昂。1642 年到 1644 年间帮助父亲做税务计算工作时，帕斯卡发明了加法器，这是世界上最早的计算器，现陈列于法国博物馆中。1610 年，他接受了宗教教义，但仍致力于科学实验活动，到 1653 年之间，帕斯卡集中精力进行关于真空和流体静力学的研究，取得了一系列重大成果。帕斯卡 1647 年重返巴黎居住。他根据托里拆利的理论，进行了大量的实验，1647 年的实验曾轰动整个巴黎。他自己说：他的实验根本指导思想是，反对"自然厌恶真空"的传统观念。1647 年到 1648 年，他发表

图 1-10　帕斯卡

了有关真空问题的论文。1648 年，帕斯卡设想并进行了对同一地区不同高度大气压强测量的实验，发现了随着高度降低，大气压强增大的规律。在这几年中，帕斯卡在实验中不断取得新发现，并且有多项重大发明，如发明了注射器、水压机，改进了托里拆利的水银气压计等。1649 年到 1651 年，帕斯卡同他的合作者皮埃尔（Perier）详细测量同一地点的大气压变化情况，成为利用气压计进行天气预报的先驱。1646 年，他为了检验意大利物理学家伽利略和托里拆利的理论，制作了水银气压计，在能俯视巴黎的克莱蒙费朗的山顶上反复地进行了大气压的实验，为流体动力学和流体静力学的研究铺平了道路。实验中，他为了改进托里拆利的气压计，他在帕斯卡定律的基础上发明了注射器，并创造了水压机。他关于真空问题的研究和著作，更加提高了他的声望。他从小就体质虚弱，又因过度劳累而使疾病缠身。然而正是他在病休的 1651 年到 1654 年间，通过紧张地进行科学工作，写成了关于液体平衡、空气的质量和密度及算术三角形等多篇论文，后一篇论文成为概率论

的基础。他在 1655—1659 年间还写了许多宗教著作。晚年，有人建议他把关于旋轮线的研究结果发表出来，于是他又沉浸于科学兴趣之中。但从 1659 年 2 月起，由于他病情加重，不能正常工作，而安于虔诚的宗教生活。1662 年 8 月 19 日帕斯卡逝世，终年 39 岁。后人为纪念帕斯卡，用他的名字来命名压强的单位，简称"帕"。

1. 液压传动的定义及其地位

液压传动是以流体（液压油液）为工作介质进行能量传递和控制的一种传动形式。它们通过各种元件组成不同功能的基本回路，再由若干基本回路有机地组合成具有一定控制功能的传动系统。

液压传动，是机械设备中发展速度最快的技术之一，特别是近年来，随着机电一体化技术的发展，与微电子、计算机技术相结合，液压传动进入了一个新的发展阶段。

2. 液压传动的发展简史

液压传动是根据 17 世纪帕斯卡提出的液体静压力传动原理而发展起来的一门新兴技术。1795 年，英国约瑟夫·布拉曼（Joseph Braman，1749—1814 年），在伦敦用水作为工作介质，以水压机的形式将其应用于工业上，诞生了世界上第一台水压机。1905 年，他又将工作介质由水改为油，使液压机又进一步得到改善。

第一次世界大战（1914—1918 年）后液压传动广泛应用，特别是 1920 年以后，发展更为迅速。液压元件大约在 19 世纪末 20 世纪初的 20 年间，才开始进入正规的工业生产阶段。1925 年，维克斯（F. Vikers）发明了压力平衡式叶片泵，为近代液压元件工业或液压传动的逐步建立奠定了基础。20 世纪初，康斯坦丁·尼斯克（G. Constantimsco）对能量波动传递进行了理论及实际研究；1910 年对液力传动（液力联轴节、液力变矩器等）进行了一定研究，使这两方面得到了迅速发展。

第二次世界大战（1941—1945 年）期间，在美国机床中有 30%应用了液压传动。而日本液压传动的发展较欧美等国家晚了近 20 年。在 1955 年前后，日本迅速发展液压传动，1956 年成立了"液压工业会"。通过二三十年的发展，日本液压传动发展迅速，居世界领先地位。

液压技术主要是由武器装备对高质量控制装置的需要而发展起来的。随着控制理论的出现和控制系统的发展，液压技术与电子技术的结合日臻完善，电液控制系统具有高响应、高精度、高功率-质量比和大功率的特点，从而使液压技术广泛运用于武器和各工业部门及技术领域。

3. 液压传动的优缺点

液压传动之所以能得到广泛的应用，是由于它与机械传动、电气传动相比具有以下主要优点：

（1）由于液压传动是油管连接，所以借助油管的连接可以方便灵活地布置传动机构，这是比机械传动优越的地方。例如，在井下抽取石油的泵可采用液压传动来驱动，以克服长驱动轴效率低的缺点。由于液压缸的推力很大，又加之极易布置，在挖掘机等重型工程机械上，已基本取代了老式的机械传动，不仅操作方便，而且外形美观大方。

（2）液压传动装置的质量轻、结构紧凑、惯性小。例如，相同功率液压马达的体积是电动机的 12% ~ 13%。液压泵和液压马达单位功率的重量指标，目前是发电机和电动机的 1/10，液压泵和液压马达可小至 0.002 5 N/W（牛/瓦），发电机和电动机则约为 0.03 N/W。

（3）可在大范围内实现无级调速。借助阀或变量泵、变量马达，可以实现无级调速，调速范围可达 1∶2 000，并可在液压装置运行的过程中进行调速。

（4）传递运动均匀平稳，负载变化时速度较稳定。正因为此特点，金属切削机床中的磨床传动现在几乎都采用液压传动。

（5）液压装置易于实现过载保护——借助于设置溢流阀等，同时液压件能自行润滑，因此使用寿命长。

（6）液压传动容易实现自动化——借助于各种控制阀，特别是采用液压控制和电气控制结合使用时，能很容易地实现复杂的自动工作循环，而且可以实现遥控。

（7）液压元件已实现了标准化、系列化和通用化，便于设计、制造和推广使用。

液压传动的主要缺点如下：

（1）液压系统中的漏油等因素，影响运动的平稳性和正确性，使得液压传动不能保证严格的传动比。

（2）液压传动对油温的变化比较敏感，温度变化时，液体黏性变化，引起运动特性的变化，使得工作的稳定性受到影响，所以它不宜在温度变化很大的环境条件下工作。

（3）为了减少泄漏，以及为了满足某些性能上的要求，液压元件的配合件制造精度要求较高，加工工艺较复杂。

（4）液压传动要求有单独的能源，不像电源那样使用方便。

（5）液压系统发生故障不易检查和排除。

总之，液压传动的优点是主要的，随着设计制造和使用水平的不断提高，有些缺点正在逐步加以克服。液压传动有着广泛的发展前景。

4. 液压传动的主要应用

驱动机械运动的机构以及各种传动和操纵装置有多种形式，根据所用的部件和零件，可分为机械的、电气的、气动的、液压的传动装置。经常还将不同的形式组合起来运用，如四位一体。由于液压传动具有很多优点，使这种新技术发展得很快。液压传动应用于金属切削机床也不过几十年的历史，航空工业在 1930 年以后才开始采用，特别是最近二三十年以来液压技术在各种工业中的应用越来越广泛（见图 1-11）。

图 1-11　液压技术在各领域中的应用

在机床上，液压传动常应用在以下的一些装置中：

（1）进给运动传动装置。磨床砂轮架和工作台的进给运动大部分采用液压传动；车床、六角车床、自动车床的刀架或转塔刀架也采用液压传动；铣床、刨床、组合机床的工作台等的进给运动也都采用液压传动。这些部件有的要求快速移动；有的要求慢速移动；有的则既要求快速移动，也要求慢速移动。这些运动多半要求有较大的调速范围，要求在工作中无级调速；有的要求持续进给，有的要求间歇进给；有的要求在负载变化下速度恒定，有的要求有良好的换向性能等。所有这些要求都是可以用液压传动来实现的。

（2）往复主体运动传动装置。龙门刨床的工作台、牛头刨床或插床的滑枕，由于要求做高速往复直线运动，并且要求换向冲击小、换向时间短、能耗低，因此都可以采用液压传动。

（3）仿形装置。车床、铣床、刨床上的仿形加工可以采用液压伺服系统来完成。其精度可达 0.01~0.02 mm。此外，磨床上的成形砂轮修正装置亦可采用这种系统。

（4）辅助装置。机床上的夹紧装置、齿轮箱变速操纵装置、丝杠螺母间隙消除装置、垂直移动部件平衡装置、分度装置、工件和刀具装卸装置、工件输送装置等，采用液压传动后，有利于简化机床结构，提高机床自动化程度。

（5）静压支承。重型机床、高速机床、高精度机床上的轴承、导轨、丝杠螺母机构等处采用液体静压支承后，可以提高工作平稳性和运动精度。

巩固练习

一、填　空

1. 液压系统除工作介质油液外，一般由动力部分、执行部分、控制部分和（　　　）四部分组成。

2. 液压传动利用液体的（　　　）来传递能量。

3. 液压系统的压力与（　　　）有关。

4. 液压缸的运动速度与（　　　）有关。

5. 液压泵是（　　　）元件。

二、判　断

1. 在液压传动中，压力的大小取决于油液流量的大小。　　　　　　（　　　）

2. 工程上将油液单位面积上承受的作用力称为压力。　　　　　　　（　　　）

3. 在液压传动中，液体流动的平均流速就是实际流速。　　　　　　（　　　）

4. 根据液流连续性原理、管道截面面积大的地方流速也快。　　　　（　　　）

5. 液压千斤顶是利用帕斯卡原理进行工作的。　　　　　　　　　　（　　　）

三、问　答

1. 什么是液压传动？

2. 液压传动系统组成及各部分的作用是什么？

3. 压力和流量的定义是什么？

4. 液压传动的工作原理是什么？

项目二 平面磨床及其工作台运动（一）

项目描述

磨床是利用磨具对工件表面进行反复磨削以达到加工要求的机床。工作台的工作要求：执行磨削加工的进给运动，完成直线往复运动。

教学目标

1. 能力目标

学生通过结合应用实例，在不断的探索过程中培养逐一解决问题的能力。

2. 知识目标

（1）掌握液压泵的工作原理、图形符号及分类。
（2）掌握液压缸的分类、图形符号及力和速度的计算。

3. 素质目标

培养团结协作、动手操作的能力。

项目分析

观察与思考：图 2-1 中磨床工作台是靠什么装置打磨工件的？它的动力是怎样产生的？

图 2-1 磨床

🏵 问题探究

任务一 探究磨床工作台的动力

图 2-2 是平面磨床工作台的工作原理图。液压泵由电动机驱动进行工作，油箱中的油液经过过滤器被吸入液压泵，并经液压泵向系统输出。油液经液压泵将其从油箱吸出后，经过节流阀 8，换向阀 7 流进液压缸。

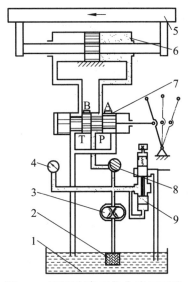

图 2-2 平面磨床工作台液压系统
1—油箱；2—过滤器；3—液压泵；4—压力计；5—工作台；6—液压缸；
7—换向阀；8—节流阀；9—溢流阀

平面磨床中油箱里油液是通过什么元件进入到系统中的呢？

一、平面磨床的动力装置：液压泵

液压泵是液压系统的动力元件，是靠发动机或电动机驱动，从液压油箱中吸入油液，形成压力油排出，送到执行元件的一种元件。其具体工作过程如下：

齿轮泵主要由泵体，主、从动齿轮，机械密封，安全阀和端盖等组成。它采用由前端盖、后端盖和泵体组成的三片式结构，泵体内装有一对齿数相同、宽度和泵体宽度相等的相互啮合的齿轮，这对齿轮与泵体等组成若干个密封工作腔，并由齿轮的啮合线把这些密封工作容腔分成吸油腔和压油腔两部分。两齿轮分别用键固定在由轴承支承的主动轴和从动轴上，主动轴由电动机带动旋转，主动齿轮带动从动齿轮。

齿轮泵工作原理是依靠一对互相啮合的轮齿，按图 2-3 所示方向旋转，当两齿逐渐退出啮合时，轮齿的体积让出齿槽，齿槽的工作密封容积逐渐增大，形成真空，将油从油箱中吸入齿间槽容积，完成吸油过程。随着齿轮转动，进入齿间槽的液体被带到压油区，当两齿逐渐进入啮合时，齿间槽容积被轮齿占有，工作容积逐渐变小，油液受挤压，液体被排出，完成压油过程。

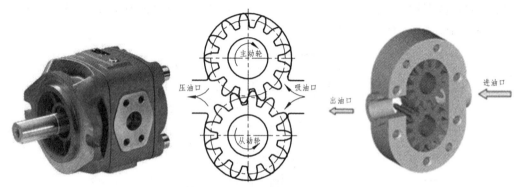

图 2-3　外啮合齿轮泵的工作原理

> 液压泵工作原理总结：液压泵是靠密封容腔容积的变化来工作的。

从上述齿轮泵的工作过程可以看出液压泵完成吸压油过程必备的工作条件是：

（1）具有密封的工作容腔。

（2）密封工作容腔的容积大小是交替变化的，变大、变小时分别对应吸油、压油过程。

（3）应有配流装置。它的作用是：在吸油过程中密封容积与油箱相通，同时切断供油通道；在压油过程中，密封容积与供油通道连通而与油箱切断，即吸、压油过程对应的区域不能连通。

（4）在吸油过程中，必须使油箱与大气接通，这是吸油的必要条件。

二、液压泵的图形符号

液压泵的图形符号见 2-1。

表 2-1　液压泵的图形符号

名　称	符　号	说　明
液压泵		一般符号

名 称	符 号	说 明
单向定量液压泵		单向旋转、单向流动、定排量
单向变量液压泵		单向旋转、单向流动、变排量
双向定量液压泵		双向旋转、双向流动、定排量
双向变量液压泵		双向旋转、双向流动、变排量

任务二 探究磨床工作台的执行机构

一、液压缸的分类

液压缸将油液的压力能转换为机械能，是液压系统的执行机构。它主要用于实现机构的直线往复运动，也可以实现摆动。其结构简单工作可靠，应用广泛。液压缸输入的量是流量和压力，输出的量是速度和力。

按不同的使用压力，液压缸又可分为中压、低压、中高压和高压液压缸。低压液压缸的额定压力为 2.5～6.3 MPa，适用于机床类机械；中高压液压缸的额定压力为 10～16 MPa，适用于要求体积小、质量轻、出力大的建筑车辆和飞机；高压液压缸的额定压力为 25～315 MPa，适用于油压机一类机械。按结构形式的不同，液压缸又有活塞式、柱塞式、摆动式、伸缩式等形式。其中以活塞式液压缸应用最多。而活塞式液压缸又有单活塞杆和双活塞杆、缸筒固定式和活塞杆固定式等不同结构和运动方式。按作用方式分，液压缸分为单作用式和双作用式两大类。单作用式液压缸是指一个方向的运动靠液压力来实现，而反向运动则依靠重力或弹簧力等实现。双作用式液压缸是指正、反两个方向的运动都依靠液压力来实现。图 2-4 为几种形式的液压缸。

想一想：液压千斤顶中的执行元件是单作用还是双作用的？是柱塞的还是活塞的？是缸体固定的还是活塞杆固定的？

（a）单作用缸

（b）双作用缸

（c）柱塞缸

（d）活塞缸

图 2-4　液压缸

液压千斤顶采用的是缸体固定式单作用柱塞缸。

平面磨床中应该采用哪种液压缸较合理呢？

二、单杆双作用液压缸推力和速度的计算

（1）无杆腔进油，如图 2-5（a）所示，液压油从无杆腔进入，其进油压力为 p_1、流量为 q，有杆腔回油，其回油压力为 p_2，推动活塞向右运动，则液压缸产生的推力 F_1 和速度 v_1 为

$$F_1 = p_1 A_1 - p_2 A_2 = \frac{\pi}{4} D^2 p_1 - \frac{\pi}{4}(D^2 - d^2) p_2$$

$$v_1 = \frac{q}{A_1} = \frac{4q}{\pi D^2}$$

式中　A_1——无杆腔的有效工作面积，$A_1 = \pi D^2/4$；

　　　A_2——有杆腔的有效工作面积，$A_2 = \frac{\pi}{4}(D^2 - d^2)$

　　　p_1——液压缸的进油腔压力；

　　　p_2——液压缸的回油腔压力；

　　　D——活塞的直径；

　　　d——活塞杆的直径；

　　　F——液压缸的推力；

v ——活塞杆的运动速度；

q ——输入液压缸的流量。

（2）有杆腔进油，如图 2-5（b）所示，液压油从有杆腔进入，其压力为 p_1、流量为 q，无杆腔回油，其压力为 p_2，推动活塞向左运动，则液压缸产生的推力 F_2 和速度 v_2 为

$$F_2 = p_1 A_2 - p_2 A_1 = \frac{\pi}{4}(D^2 - d^2)p_1 - \frac{\pi}{4}D^2 p_2$$

$$v_2 = \frac{q}{A_2} = \frac{4q}{\pi(D^2 - d^2)}$$

（3）液压缸的差动连接。当单杆活塞缸左右两腔相互接通并同时输入液压油时，称为"差动连接"。采用差动连接的液压缸称为差动液压缸。如图 2-5（c）所示，假设液压缸固定，因差动液压缸无杆腔的液压力大于有杆腔的液压力，故活塞向右移动，同时使有杆腔的油液流入无杆腔，此时液压缸产生的推力 F_3 和速度 v_3 为

$$F_3 = p_1(A_1 - A_2) = \frac{\pi}{4}d^2 p_1$$

$$v_3 = \frac{q}{A_1 - A_2} = \frac{4q}{\pi d^2}$$

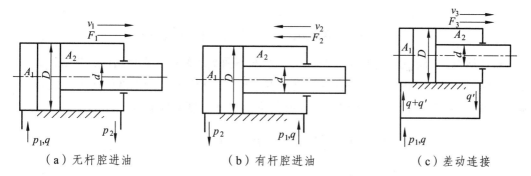

（a）无杆腔进油　　　　（b）有杆腔进油　　　　（c）差动连接

图 2-5　单杆活塞式液压缸推力和运动速度计算简图

📖小知识点

通常情况下 p_2 接油箱，故 $p_2 \approx 0$。

　　将 F_1、F_2、F_3 和 v_1、v_2、v_3 分别比较便可看出：$F_1 > F_2 > F_3$，$v_1 < v_2 < v_3$，即无杆腔进油时产生的推力大、速度低；差动连接比有杆腔进油时产生的推力小、速度高。所以，单杆活塞缸常用在"快进（差动连接）→工进（无杆腔进油）→快退（有杆腔进油）"的液压系统中。

　　如果要求 $v_2 = v_3$ 时，可得：$d = 0.707D$。

三、双杆双作用液压缸推力和速度的计算

双杆活塞缸采用缸固定，如图 2-6（a）所示，若油液进入液压缸的左腔，液压缸右腔的油液回油箱，则在油液压力的作用下，活塞连同工作台一起向右运动。若改变油液进、出液压缸的方向，则活塞杆及工作台一起向左运动。

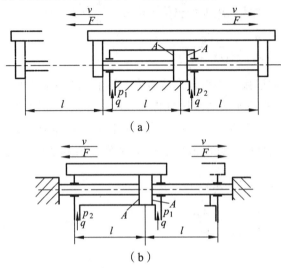

（a）

（b）

图 2-6　双杆活塞式液压缸推力和运动速度计算简图

双杆活塞缸的推力及速度的计算。一般情况下两个活塞杆的直径相等，当液压缸一腔进油而另一腔回油时，两个方向的运动速度和推力是相等的。当油液的输入流量为 q、输入压力为 p_1 和输出压力为 p_2 时，液压缸的推力 F 和速度 v 分别为

$$F = (p_1 - p_2)A = \frac{\pi}{4}(D^2 - d^2)(p_1 - p_2)$$

$$v = \frac{q}{A} = \frac{4q}{\pi(D^2 - d^2)}$$

式中　A ——活塞的有效工作面积，$A = \pi（D^2 - d^2）/4$；

　　　p_1——液压缸的进油腔压力；

　　　p_2——液压缸的回油腔压力；

　　　D ——活塞的直径；

　　　d ——活塞杆的直径；

　　　F ——液压缸的推力；

　　　v ——活塞杆的运动速度；

　　　q ——输入液压缸的流量。

总结：平面磨床反复磨削工件时工作台往返运动的力和速度要一致，因此要采用双杆双作用液压缸。

四、液压缸的图形符号

液压缸的图形符号见表 2-2。

表 2-2　液压缸的图形符号

名　称	符　号	用途或符号解释
单活塞杆缸		详细符号
		简化符号
双活塞杆缸		详细符号
		简化符号

实践操作

1. 仔细阅读简易液压回路图（见图 2-7）

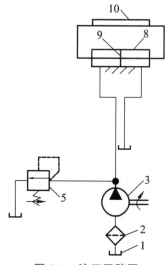

图 2-7　液压回路图

1—油箱；2—过滤器；3—液压泵；5—溢流阀；8—液压缸；9—液压活塞；10—工作台

读图提示：

（1）阅读程序框图。通过阅读程序框图大体了解液压回路的概况和动作顺序及要求等。

（2）液压回路图中表示的位置（包括各种阀、执行元件的状态等）均为停机时的状态。因此，要正确判断各行程发信元件此时所处的状态。

（3）在回路图中，线条不代表管路的实际走向，只代表元件与元件之间的联系与制约关系。

2. 准备所需的元件（见表2-3）

表2-3　所需元件

元件名称	元件图片	数　量
液压泵		1
双作用双杆液压缸		1
油箱		1
油管及其管接头		若干
溢流阀		1

准备提示：对照安装明细表准备好各个元件并仔细检查，必须确保型号一致、性能合格、调整机构灵活、显示灵敏准确。如果发现问题，要及时处理，决不可将就使用。

3. 安装元件并连接简易液压回路（见图2-8）

图2-8　连接元件

操作提示：

（1）油管布置平直整齐，减少长度和转弯。这样既美观，又能使检修方便，也减少了沿程压力损失和局部压力损失。对于较复杂的油路系统，还可避免检修拆卸后重装时接错。

（2）安装泵和阀时，必须注意：各油口的方位，按照上面的标记对应安装。接头处要紧固、密封，无漏油、漏气。尤其是板式元件，要注意进出油口处的密封圈，决不可缺失、脱落或错位。

4. 调试、运行

操作提示：

（1）调试之前要检查油管连接处是否紧固，若发现漏油或喷油，请立即按"停止"按钮后检查，否则会产生危险。

（2）泵启动前应检查油温。若油温低于 10 ℃，则应空载运转 20 min 以上才能加载运转。若室温在 0 ℃ 以下或高于 35 ℃，则应采取加热或冷却措施后再启动。工作中应随时注意油液温升。正常工作时，一般液压系统油箱中油液的温度不应超过 60 ℃；程序控制机床的液压系统或高压系统油箱中的油温不应超过 50 ℃；精密机床的温升应控制在 15 ℃ 以下。

（3）操作手柄时切勿用力过猛，以免损坏弹簧。

5. 停机、维护

操作提示：

（1）停机断电后做好相应的清洁工作，将每个元件及油管都擦拭干净后再放入相应位置，之后再将试验台擦干净。

（2）液压油要定期检查、更换。

（3）使用中应注意过滤器的工作情况，滤芯应定期清理或更换。

知识拓展

一、几种液压泵的工作原理

液压泵按内部结构不同分为齿轮泵、叶片泵、柱塞泵及螺杆泵，按排量是否可调分为定量泵和变量泵，按输油方向分为单向泵和双向泵。

1. 内啮合渐开线齿轮泵的工作原理

图 2-9 为内啮合渐开线齿轮泵工作原理图。内啮合渐开线齿轮泵主要由主动齿轮 1、从动齿轮 2、月牙板 3、轴及轴承、侧板等组成。其工作原理为相互啮合的主动齿轮 1 和从动齿轮 2 与侧板围成的密封容积被月牙板 3 和齿轮的啮合线分隔成两部分，即形成吸油腔和压

油腔。当传动轴带动小齿轮按图示方向旋转时,内齿轮同向旋转,图中上半部轮齿脱开啮合,密封容积逐渐增大,形成局部真空,油液在大气压作用下进入密封容积内,即吸油;下半轮齿进入啮合,使其密封容积逐渐减小,油液被挤压,压力增大,即排油。

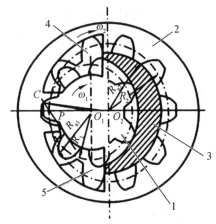

图 2-9　内啮合渐开线齿轮泵的工作原理图

1—主动齿轮;2—从动齿轮;3—月牙板;4—吸油腔;5—压油腔

内啮合渐开线齿轮泵与外啮合齿轮泵相比其流量脉动小,仅是外啮合齿轮泵流量脉动功率的 1/10 ~ 1/20。此外,其结构紧凑,质量轻,噪声小,效率高,还可以做到无困油现象。它的不足之处是齿形复杂,需专门的高精度加工设备才能生产出来。

2. 单作用叶片泵的工作原理

单作用叶片泵的工作原理如图 2-10 所示。单作用叶片泵由转子 1、定子 2、叶片 3、配流盘 4 和端盖(图中未示)等组成。定子具有圆柱形内表面,定子和转子间有偏心距,转子沿着径向加工有若干个叶片槽,叶片装在转子槽中,并可在槽内滑动,当转子回转时,由于离心力的作用,使叶片紧靠在定子内壁,这样在定子、转子、叶片和两侧配油盘间就形成若干个密封的工作空间,当转子按图示的方向回转时,在图 2-10 的右半部

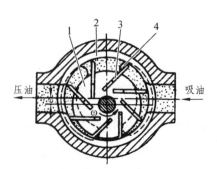

图 2-10　单作用叶片泵的工作原理

1—转子;2—定子;3—叶片;4—配流盘

分，叶片逐渐伸出，叶片间的工作空间逐渐增大，形成局部真空，油液在大气压作用下进入密封容积内，即吸油；在图2-10的左半部分，叶片被定子内壁逐渐压进槽内，工作空间逐渐缩小，油液被挤压，压力增大，即排油。在吸油腔和压油腔之间，有一段封油区，把吸油腔和压油腔隔开，这种叶片泵在转子每转一周，每个工作空间完成一次吸油和压油，因此称为单作用叶片泵。

单作用叶片泵通过改变定子和转子之间的偏心距的大小便可改变流量。偏心反方向时，吸油、压油方向也相反。偏心距可手动调节，也可自动调节。

3. 双作用叶片泵的工作原理

双作用叶片泵的工作原理如图2-11所示，泵也是由定子1、转子2、叶片3和配油盘（图中未画出）等组成。转子和定子中心重合，定子内表面近似为椭圆柱形，该椭圆形由两段长半径 R、两段短半径 r 和四段过渡曲线所组成。当转子转动时，叶片在离心力和根部压力油的作用下，在转子槽内做径向移动而压向定子内表面，由叶片、定子的内表面、转子的外表面和两侧配油盘间形成若干个密封空间，当转子按图示方向旋转时，处在小圆弧上的密封空间经过渡曲线而运动到大圆弧的过程中，叶片外伸，密封空间的容积增大，吸入油液；从大圆弧经过渡曲线运动到小圆弧的过程中，叶片被定子内壁逐渐压进槽内，密封空间容积变小，将油液从压油口压出。因而，当转子每转一周，每个工作空间要完成两次吸油和压油，所以称之为双作用叶片泵。这种叶片泵由于有两个吸油腔和两个压油腔，并且各自的中心夹角是对称的，所以作用在转子上的油液压力相互平衡。

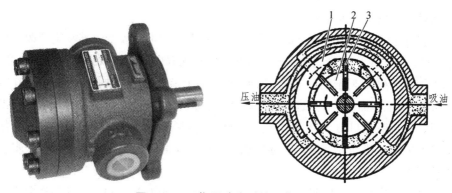

图 2-11　双作用叶片泵的工作原理
1—定子；2—转子；3—叶片

4. 径向柱塞泵的工作原理

径向柱塞泵的工作原理如图2-12所示。径向柱塞泵主要由柱塞1、转子2、配油套筒3、定子4、配油轴及轴承5等组成。柱塞1径向排列装在转子2中，转子由原动机带动连同柱塞一起旋转，柱塞1在离心力的（或在低压油）作用下贴紧定子4的内壁，当转子按图示方向回转时，由于定子和转子之间有偏心距 e，柱塞绕经上半周时向外伸出，柱塞底部的容积逐渐增大，形成部分真空。因此便经过配油套筒 3（配油套筒 3 是压紧在转子内，并和转子一起回转）上的油孔从配油轴 5 和吸油口 b 吸油；当柱塞转到下半周时，在定子内壁的作用下，柱塞缩回，柱塞底部的容积逐渐减小，油液挤压，向配油轴的压油口 c 压油，当转子回转一周时，每个柱塞底部的密封容积完成一次吸、压油，转子连续运转，即完成压、吸油工作。

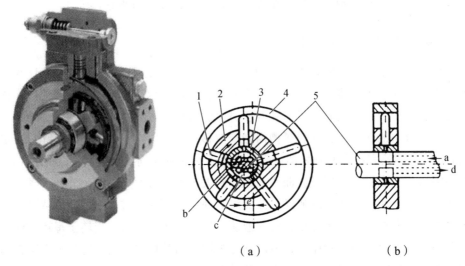

（a） （b）

图 2-12　径向柱塞泵的工作原理

1—柱塞；2—转子；3—配油套筒；4—定子；5—配油轴及轴承

径向柱塞泵的特点如下：

（1）移动定子改变偏心距 e 的大小时，泵的排量就得到改变，移动定子改变偏心距 e 的方向时，泵的吸、压油口便互换。这种泵可实现双向变量，故亦可作为双向变量泵。

（2）配油轴和壳体连接在一起，油液从配油轴上半部的两个油孔 a 流入（见图 2-12），从下半部两个油孔压出，为了进行配油，配油轴在和配油套筒 3 接触的一段加工出上下两个缺口，形成吸油口 b 和压油口 c，留下的部分形成封油区。封油区的宽度应能封住配油套筒上的吸、压油孔，以防吸油口和压油口相连通，但尺寸也不能大得太多，以免产生困油现象。

（3）径向柱塞泵的径向尺寸大，结构复杂，自吸能力差，配油轴受到径向不平衡液压力的作用易于磨损，从而限制了转速和压力的提高。

目前，径向柱塞泵应用不多，逐渐被轴向柱塞泵所代替。

5. 轴向柱塞泵的工作原理

轴向柱塞泵中的柱塞是轴向排列的。当缸体轴线和传动轴轴线重合时，称为斜盘式轴向柱塞泵。轴向柱塞泵具有结构紧凑、工作压力高、容易实现变量等优点。

如图 2-13 所示，斜盘式轴向柱塞泵由传动轴 2 带动缸体 4 旋转，斜盘 10 和配油盘 1 是固定不动的。柱塞 6 均布于缸体 4 内，柱塞的头部靠机械装置或在低压油作用下紧压在斜盘上。斜盘法线和缸体轴线的夹角为 γ。当传动轴按图示方向旋转时，柱塞一方面随缸体转动，另一方面，在缸体内做往复运动。显然，柱塞相对缸体左移时工作容腔是吸油状态，油液经配油盘的吸油口 a 吸入；柱塞相对缸体右移时工作容腔是压油状态，油液从配油盘的压油口 b 压出。缸体每转一周，每个柱塞完成吸、压油一次。如果改变斜角 γ 的大小和方向，就能改变泵的排量和吸、压油的方向，此时即为双向变量轴向柱塞泵。

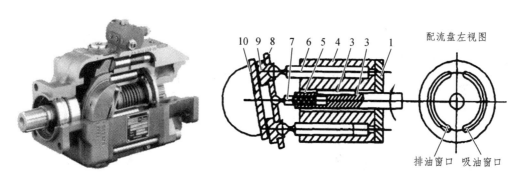

图 2-13　斜盘式轴向柱塞泵的工作原理
1—配油盘；2—传动轴；3—键；4—缸体；5—弹簧；6—柱塞；
7—外套筒；8—压板；9—滑履；10—斜盘

二、液压泵的主要技术参数

1. 压　力

液压泵的压力主要指工作压力和额定压力。

液压泵的工作压力是指泵工作时实际输出压力，用符号 p 表示，单位符号为 Pa。其大小取决于外负载，随着外负载的增大而升高，与泵的流量无关。

液压泵的额定压力是指泵正常工作连续运转的最高工作压力。正常工作时不允许超过此值，超过此值即为过载，使泵的效率明显下降、寿命降低。实际上，泵的额定压力是由泵本身结构和寿命决定的，通常将其标在液压泵的铭牌上。

2. 排　量

液压泵的排量是指泵每转一转所排出液体的几何体积，用符号 V 表示，其单位符号为 m^3/r，工程上通常用 mL/r。

3. 流　量

液压泵的流量有理论流量、实际流量、额定流量三种。

理论流量是指单位时间内输出液体的几何体积，用符号 q_t 表示。排量和理论流量的关系为

$$q_t = Vn$$

式中　V——液压泵的排量；

　　　n——液压泵的转速。

实际流量是指泵在实际工作压力下单位时间内输出液体的体积，用符号 q 表示。实际流量与压力有关，压力越高，泄漏越大，实际流量越小。所以实际流量、理论流量和泄漏量的关系为

$$q = q_t - \Delta q$$

式中　Δq——泵的泄漏量。

额定流量是指泵在额定压力下输出的流量，其值标在液压泵铭牌上。

三、液压油的物理性质与选用

（一）液压油的性质

1. 密　度

对于均质的液体来说，单位体积中所具有的质量叫作密度。

即　　　　　　　　　$\rho = m/V$

液压油的密度随温度的升高而减小，随压力的升高而增大。但是在一般的工作条件下，温度和压力引起的密度变化很小，可近似认为液压油的密度是不变的。

2. 可压缩性（液体的可压缩性）

液体受压力作用而发生体积变化（体积减小）的性质，称为液体的可压缩性。液压油的压缩性大小可用体积压缩系数 k 表示，其定义为单位压力变化时液压油体积的相变化量，即

$$k = -(\Delta V / V) / \Delta p$$

k 的倒数 K 称为液压油的容积模量，即

$$K = \frac{1}{k} = -\Delta p V / \Delta V$$

容积模量表示液压油抗抗压缩的能力，与压力的单位相同。$K = (1.4 \sim 2) \times 10^9\, \text{Pa}$，液压油抵抗压缩的能力是很强的，因而一般情况下可认为液压油是不可压缩的，只有在超高压系统或研究液压系统的动态性能时，才考虑液压油的可压缩性。

3. 黏　性

（1）液体在外力作用下流动时，分子间的内聚力要阻止分子间的相对运动而产生一种内摩擦力，这一特性称为液体的黏性。

（2）黏度。

液体黏性的大小用黏度表示。黏度是表征油液流动时内摩擦力大小的系数。

（3）黏度与压力的关系。

对液压油液来说，压力增大，黏度增大。但在一般液压系统使用的压力范围内，增大的数值可以忽略不计。

液压油液的黏度受温度的影响较大，随着温度的升高，油液的黏度下降，温度降低，黏度增大。油液的黏度与温度之间的这种关系，称为油液的黏温特性。

4. 其他性质

其他性质如稳定性、抗乳化性、抗泡沫性、防锈性、润滑性等，具体应用时可查阅油类产品手册。

（二）液压传动用油的要求

（1）适宜的黏度，较好的黏温特性；（2）质地纯净，杂质少；（3）良好的润滑性，较高的油膜强度；（4）良好的化学稳定性；（5）工作温度范围大，闪点高，凝固点低；（6）抗泡沫性和抗乳化性好。

（三）液压油的类型

（1）矿物油是由提炼后的石油制品加入各种添加剂精制而成。其润滑性好，腐蚀性小，化学稳定性较好，但抗燃性差，广泛应用于液压传动系统中。

矿物型液压油是以机械油为基料，精炼后按需要加入适当的添加剂。所加入的添加剂大致有两类：一类是用来改善油液化学性质的，如抗氧化剂、防锈剂等；另一类是用来改善油液物理性质的，如增黏剂、抗磨剂等。矿物油型液压油润滑性好，但抗燃性差。由此又研制出难燃型液压液（乳化型、合成型等）供选择，以用于轧钢机、压铸机、挤压机等设备来满足耐高温、热稳定、不腐蚀、无毒、不挥发、防火等要求。

（2）乳化型液压油分水包油乳化液、油包水乳化液。乳化型液压油价廉、抗燃，但润滑性差，腐蚀性大，适用温度范围窄，一般用于水压机、矿山机械和液压支架等场合。

（3）合成型液压油是由多种磷酸酯和添加剂用化学方法合成的。它具有抗燃性好、润滑性好和凝固点低等优点，但价高、有毒，一般用于防火要求高的场合，如钢铁厂、火力发电厂和飞机等液压设备中。

（4）高水基型液压油是以水为主要成分的液压油，现已演变到第三代。它价廉、抗燃、工作温度低、黏度变化小，运输方便；但润滑性差、黏度低、腐蚀性大，应用于大型液压机以及环境温度较高的液压系统中，特别适用于防火要求高的场合。

液压传动及控制系统所用工作介质的种类很多，国际标准化组织于 1982 年按液压油的组成和主要特性编制和发布了 ISO6743/4：1982《润滑剂、工业润滑油和有关产品（L 类）的分类第 4 部分：H 组（液压系统）》。我国于 1987 年等效采用上述标准制定了国家标准 GB/T 7631.2—1987，因此我国液压油品种符号与世界大多数国家的表示方法相同，即类别-品种-牌号，如 L-HM-32。

（四）液压油的选用

（1）按液压泵的类型选用。
（2）按液压系统的工作压力选用。
（3）依据液压系统的环境温度选用。
（4）考虑液压系统的运动速度选用。

（五）液压油的污染与控制

1. 液压油污染的原因

（1）液压系统组装时残留的污染物。
（2）从周围环境混入的污染物。
（3）液压系统在工作过程中产生的污染物。

2. 液压油污染的控制

（1）清除元件和系统在加工和组装过程中残留的污染物。
（2）用过滤器滤除油液中的固体颗粒。
（3）防止污染物从外界侵入。
（4）控制液压油的温度。
（5）定期检查和更换液压油。

（六）液压油质量判断与处理措施

如发现存在不符合使用要求的质量问题，必须更换液压油。
以下从检查项目、检查方法、分析原因、基本对策四个方面扼要介绍液压油品质现场判定方法和处理措施：
（1）透明但有小黑点，看，混入杂物，过滤。
（2）呈现乳白色，看，混入水分，分离水分。

（3）颜色变淡，看，混入异种油检查黏度，如可靠可继续使用。

（4）变黑、变浊、变脏，看，污染与氧化，更换。

（5）与新油比较，气味，闻，恶臭或焦臭，更换。

（6）味道，嗅，有酸味，正常。

（7）气泡，摇，产生后易消失，正常。

（8）与新油比较黏性，流速法，考虑温度、混入异种油等，视情况处理。

（9）有无水分和多少，裂化试验法，观察结果，分离水分。

（10）颗粒，硝酸浸泡法，观察结果，过滤。

（11）杂质，稀释法，观察结果，过滤。

（12）腐蚀，腐蚀法，观察结果，视情况处理。

（13）污染度，点滴法，观察结果，视情况处理。

（14）颜色，看，透明，颜色无变化，继续使用。

（七）液压油安全管理与劳动保护

（1）液压油置放严禁靠近火源，不可强力冲击储油容器。

（2）液压油不可食用、饮用、混用，盛置于容易混淆的容器内如饮料瓶等，必须标注明确，合理存放。

（3）进入工作现场，注意穿软质防滑鞋、防油工作服和防油手套。

（4）尽量避免身体直接接触油液，切勿长时间在油污染环境逗留。

（5）处于高压运行中的液压油发生喷射性泄漏具有危险性，如造成中毒、窒息、击伤及液压油耗损快，因此，应加强设备定检和点检，不能在系统运行时进行维护。

（6）液压油在使用时应严格遵守相关设备操作规程。

（7）液压油对工作环境造成的污染必须及时清理。污染面如危及他人，须悬置提醒标识，如"小心滑倒"。污染物不可乱倒乱扔。

（八）液压油使用与维护

1. 防止污染

（1）使用前保持油液清洁。

（2）暂存液压油应密封存放在通风阴凉干燥的地方，不可暴晒雨淋。

（3）向油箱内加注液压油时必须按照系统要求选择合适的过滤器和过滤方式进行过滤。

（4）在加注和释放液压油以及对液压系统拆装的过程中，应保持容器、漏斗、管件、接口清洁布等器皿、工具和部位的清洁，防止污染物进入。

（5）系统安装使用前和使用过程中拆装元件，必须对元件和系统清洗。

（6）为了防止污染物侵入，油箱必须安装空气滤清器，外泄或排放的液压油不能直接流回油箱。

2. 控制油温

液压系统要求理想温度为 15～55 ℃，一般不能超过 60 ℃。

3. 防水排水

油箱、油路、冷却器管路、储油容器等应密封良好，不渗漏。油箱底部应设排水阀。受到水污染的液压油呈现乳白色，应采取分离水分措施。

（1）合理使用排气阀。

（2）保证液压系统尤其是液压泵吸油管路完全密封。

（3）系统回油尽量远离液压泵吸油口，为回油中的空气逸出提供充分时间。

（4）回油管管口应为斜切面并伸入油箱液面以下，减少液流冲击。

巩固练习

一、填　空

1. 液压泵是液压系统中的（　　）元件。

2. 液压泵是靠（　　）发生变化而进行工作的，所以都属于容积式液压泵。

3. 当要求工作台往复运动速度和推力相等时，可采用（　　）缸。

4. 活塞式液压缸的安装方式有两种：缸筒固定和（　　）固定。

5. 液压泵是依靠（　　）的变化来实现吸油和压油的。

二、判　断

1. 液压泵是依靠密封容积的变化来实现吸油和压油的。　　　　（　　）

2. 齿轮泵的进出油口一般可以互换。　　　　（　　）

3. 单作用叶片泵的输出流量是可以改变的。　　　　（　　）

4. 一般情况下，齿轮泵多用于高压液压系统。　　　　（　　）

5. 液压系统中压力的大小由泵的额定工作压力决定。　　　　（　　）

三、问　答

1. 液压泵的工作原理是什么？

2. 简述外啮合齿轮泵的工作过程。

3. 双作用活塞式液压缸两腔分别进油时，输出的力和速度公式是什么？

4. 液压泵要完成吸油和压油的过程需要什么条件？

项目三 平面磨床及其工作台运动（二）

项目描述

磨床是利用磨具对工件表面进行反复磨削以达到加工要求的机床。工作台的工作要求：执行磨削加工的进给运动，完成直线往复运动。

教学目标

1. 能力目标

学生通过理论知识的探索学习，培养发现问题、解决问题的能力。

2. 知识目标

（1）掌握换向阀的工作原理、分类及图形符号。
（2）掌握方向控制回路种类及应用（二位二通、二位三通、二位四通、三位四通换向阀分别控制的换向回路及应用）。

3. 素质目标

培养学生善于观察、动手操作的能力。

项目分析

观察与思考：通过上一个项目的学习我们得知工作台的进给运动由液压缸驱动，如图 3-1 所示。其动力来源是靠液压泵传递能量实现的，那它是如何改变液压缸的运动方向的呢？

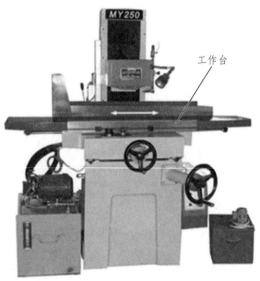

图 3-1 平面磨床

🐟 问题探究

任务一 探究磨床工作台的方向控制

图 3-2 是平面磨床工作台的工作原理图。液压泵由电动机驱动进行工作，油箱中的油液经过过滤器被吸入液压泵，并经液压泵向系统输出。油液经液压泵将其从油箱吸出后，经过节流阀 8，进入换向阀的 P 口，P 口与 A 口相通，油液从 A 口流进液压缸的右腔，液压缸带动工作台向左运动，将换向阀的阀芯向右移动，液压泵由电动机驱动进行工作，油箱中的油液经过过滤器被吸入液压泵，并经液压泵向系统输出。油液经液压泵将其从油箱吸出后，经过节流阀 8，进入换向阀的 P 口，P 口与 B 口相通，油液从 B 口流进液压缸的左腔，液压缸带动工作台向右运动，液压缸左腔的油液进入换向阀的 A 口，A 口与 T 口相通，油液从 T 口流回油箱。如此反复便实现了工作台的往返运动。

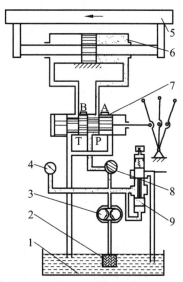

图 3-2 平面磨床工作台液压系统
1—油箱；2—过滤器；3—液压泵；4—压力计；5—工作台；
6—液压缸；7—换向阀；8—节流阀；9—溢流阀

 上述磨床的往返运动主要是利用哪个元件实现方向的改变？

一、认识换向阀

1. 换向阀的结构

换向阀主要由阀体、阀芯、复位弹簧和操纵装置组成，如图 3-3 所示。

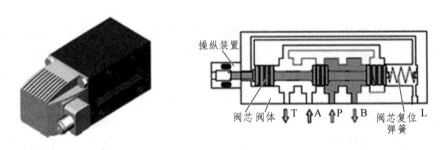

图 3-3　换向阀结构简图

2. 换向阀的工作原理

如图 3-4（b）所示，液压泵连通换向阀 P 口，此时阀芯的位置将 P 口堵住，液压泵输出的油液被截止而没有流进换向阀内部，液压缸静止不动。图 3-4（a）将换向阀阀芯向右移动，液压泵连通换向阀的 P 口，其输出的油液通过 P 口流向了换向阀的 A 口，A 口与液压缸的左腔相连，液压缸内的活塞在油液压力的作用下向右运动，而液压缸右腔的油液经 B→T，换向阀的 T 口接油箱。图 3-4（c）中换向阀的阀芯向左移动，液压泵连通换向阀的 P 口，其输出的油液通过 P 口流向了换向阀的 B 口，B 口与液压缸的左腔相连，液压缸内的活塞在油液压力的作用下向左运动，而液压缸右腔的油液经 A→T，换向阀的 T 口接油箱。

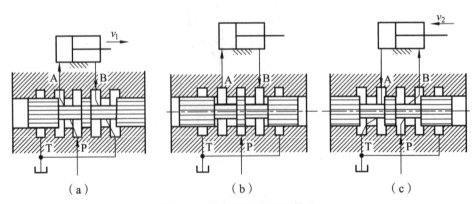

图 3-4　换向阀工作原理简图

由上述分析可总结换向的工作原理是，通过改变阀芯和阀体间相对位置，而改变油液的流动方向，接通或断开油路，进而改变液压缸的运动方向、启动或停止。

阀芯是用什么方式移动的呢？图 3-4 中阀芯有几个移动位置呢？

换向阀控制阀芯移动的方式有手动、机动、液动、电动及电液动等。

换向阀阀芯在阀体内的工作位置数称为"位"，换向阀所控制的油口通路数称为"通"。

根据阀芯在阀体内的工作位置数和换向阀所控制的油口通路数，换向阀有二位二通、二位三通、二位四通、二位五通、三位四通及三位五通等。

二、换向阀图形符号的画法

图 3-5 为三位四通 O 型手动换向阀。

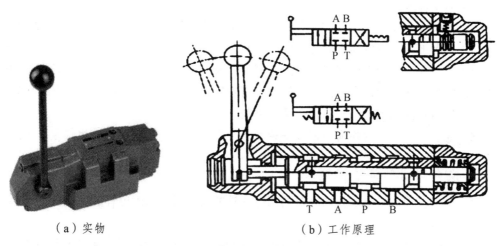

（a）实物　　　　　　　　（b）工作原理

图 3-5　三位四通 O 型手动换向阀

其控制方式的图形符号如图 3-6 所示。

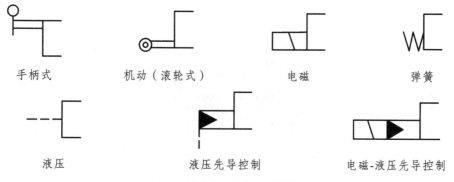

手柄式　　　机动（滚轮式）　　　电磁　　　弹簧

液压　　　　液压先导控制　　　电磁-液压先导控制

图 3-6　换向阀控制的图形符号

几位几通的图形符号如图 3-7 所示。

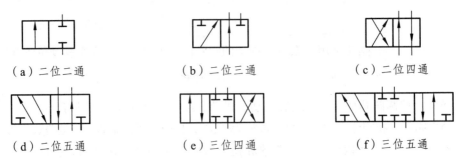

（a）二位二通　　　　　　（b）二位三通　　　　　　（c）二位四通

（d）二位五通　　　　　　（e）三位四通　　　　　　（f）三位五通

图 3-7　常用几位几通的图形符号

1. 换向阀的图形符号含义

（1）阀的工作位置数称位，用方格数表示，两格即二位，三格即三位。

（2）与一个方格的相交点数为油口的通路数，简称通。方格内的箭头表示两油口相通，但不表示液流方向，符号"⊤"和"⊥"表示该油口不通流。

（3）P 表示进油口，T 表示回油口，A 和 B 表示连接执行元件的油口，L 表示泄油口。

（4）控制方式和复位弹簧的符号画在方格的两侧。

（5）三位换向阀的中格和二位换向阀靠近弹簧的一格为常态位置，即阀芯未受到控制力作用时所处的位置；靠近控制符号的一格为控制力作用下所处的位置。在液压原理图中，一般按换向阀图形符号的常态位置绘制。

想一想：一个完整的换向阀图形符号都包含哪几项？分别用什么样的符号表示？

2. 换向阀图形符号实例

（1）电磁换向阀。电磁换向阀是利用电磁铁的通电吸合与断电释放而直接推动阀芯来控制液流方向的。

图 3-8（a）所示为二位三通交流电磁换向阀结构，在图示位置，油口 P 和 A 相通，油口 B 断开；当电磁铁通电吸合时，推杆 1 将阀芯 2 推向右端，这时油口 P 和 A 断开，而与 B 相通。而当磁铁断电释放时，弹簧 3 推动阀芯复位。图 3-8（b）所示为其职能符号。

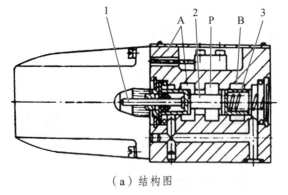

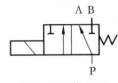

（a）结构图　　　　　　　　　　　　（b）职能符号图

图 3-8　二位三通电磁换向阀

1—推杆；2—阀芯；3—弹簧

（2）液动换向阀。液动换向阀是利用控制油路的压力油来改变阀芯位置的换向阀。图 3-9 为三位四通液动换向阀的结构和职能符号。阀芯是由其两端密封腔中油液的压差来移动的，当控制油路的压力油从阀右边的控制油口 K_2 进入滑阀右腔时，K_1 接通回油，阀芯向左移动，使压力油口 P 与 B 相通，A 与 T 相通；当 K_1 接通压力油，K_2 接通回油时，阀芯向右移动，使得 P 与 A 相通，B 与 T 相通；当 K_1、K_2 都通回油时，阀芯在两端弹簧和定位套作用下回到中间位置，P 不通油，A、B、T 三油口相通。

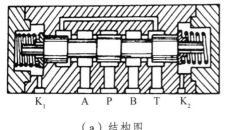

（a）结构图　　　　　　　　　　　　（b）职能符号图

（c）实物

图 3-9 三位四通液动换向阀

画一画：三位四通手动换向阀的图形符号；二位二通电磁换向阀；二位三通电磁换向阀；二位四通电磁换向阀；三位四通电磁换向阀。

任务二 探究换向阀控制的换向回路

📖小知识点

液压基本回路是指由相关液压元件组成具有某种特定功能的典型油路结构。方向控制回路是指利用方向控制阀控制执行元件的启动、停止和换向。

一、二位二通换向阀控制的换向回路

图 3-10（a）左侧电磁铁失电，换向阀右位工作，油液从液压泵流出后，流进换向阀的右位"2"口，"2"口不通油，液压缸内没有进油，活塞杆静止不动。

图 3-10（b）左侧电磁铁得电，换向阀左位工作，活塞杆向左伸出。

其进油路：油箱→液压泵→二位二通换向阀左位的"2"口→"1"口→液压缸左位。

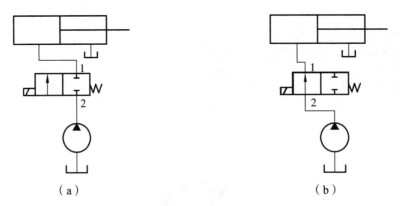

（a）　　　　　　　　　　　　（b）

图 3-10　二位二通换向阀控制的换向回路原理图

二、二位三通换向阀控制的换向回路

图 3-11（a）左侧电磁铁失电，换向阀右位工作。

其进油路：油液从液压泵流出后，流进换向阀的右位"2"口，"2"口不通油，液压缸内没有进油。

其回油路：若活塞杆在缸体的右侧，活塞杆在弹簧力的作用下会向左缩回。若活塞杆在缸体的左侧，活塞杆静止不动。

图 3-11（b）左侧电磁铁得电，换向阀左位工作，活塞杆向右伸出。

其进油路：油箱→液压泵→二位三通换向阀左位的"2"口→"1"口→液压缸左位。

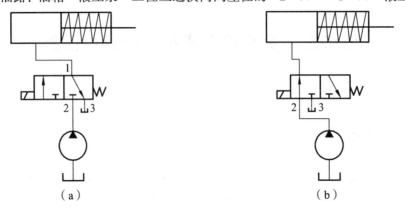

（a）　　　　　　　　　　　　（b）

图 3-11　二位三通换向阀控制的换向回路原理图

三、二位四通换向阀控制的换向回路

图 3-12（a）左侧电磁铁失电，换向阀右位工作，活塞杆向左缩回。

其进油路：油箱→液压泵→二位四通换向阀右位的"2"口→"4"口→液压缸右位。

其回油路：液压缸左腔→二位四通换向阀右位的"1"口→"3"口→油箱。

图 3-12（b）左侧电磁铁得电，换向阀左位工作，活塞杆向右伸出。

其进油路：油箱→液压泵→二位四通换向阀左位的"2"口→"1"口→液压缸左位。

其回油路：液压缸右腔→二位四通换向阀左位的"4"口→"3"口→油箱。

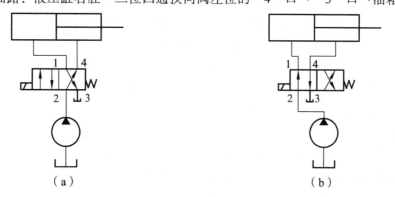

图 3-12　二位四通换向阀控制的换向回路原理图

四、三位四通换向阀控制的换向回路

图 3-13（b）左侧电磁铁和右侧电磁铁均不得电，阀芯在中位。油液从液压泵流出后，流进换向阀的中位"2"口，"2"口不通油，液压缸内没有进油，活塞杆静止不动。

图 3-13（a）左侧电磁铁得电，右侧电磁铁失电，换向阀左位工作，活塞杆向右伸出。

其进油路：油箱→液压泵→三位四通换向阀左位的"2"口→"1"口→液压缸左位。

其回油路：液压缸右腔→三位四通换向阀左位的"4"口→"3"口→油箱。

图 3-13（c）右侧电磁铁得电，左侧电磁铁失电，换向阀右位工作，活塞杆向左缩回。

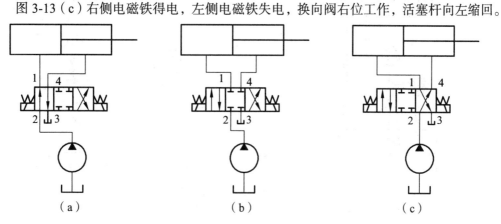

图 3-13　三位四通换向阀控制的换向回路原理图

其进油路：油箱→液压泵→三位四通换向阀右位的"2"口→"4"口→液压缸右位。

其回油路：液压缸左腔→三位四通换向阀左位的"1"口→"3"口→油箱。

任务三　磨床工作台油路结构分析

磨床工作台常采用手动控制方式，因工作台的液压缸要求活塞往返运动的推力和速度要一致，故采用双杆液压缸；又因为活塞的往复运动需要油液的压力来推动，故采用的是双作用的；而液压缸始终是来回往复运动，若需要在中间某个位置停留，可采用三位四通换向阀。综上所述可确定磨床工作台的液压系统方案如下：

工作台向右直线运动：电动机（图中未画）带动液压泵3工作，从油箱1中吸入液压油，经过过滤器2进入油管，经节流阀4进入换向阀6，当手柄7向右推时，阀芯向右移，使油液进入液压缸8的左腔，推动活塞9向右移动，同时带动工作台10向右直线运动。

工作台向左直线运动：由于工作台运动方向需要变化，当手柄7向左拉时，换向阀6的阀芯相对于阀体位置改变，油液通道发生变化，于是液压泵3从油箱1中吸入液压油，经进油路进入液压缸8的右腔，推动活塞9向左移动，带动工作台10向左直线运动。

工作台处于停止状态：当换向阀6阀芯相对于阀体处于中位时，如图3-14（a）所示位置，这时由液压泵3输出的压力油经溢流阀5，沿回油管直接流回油箱1。

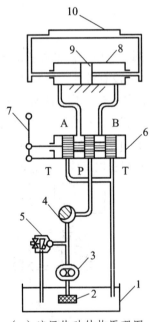
（a）液压传动结构原理图

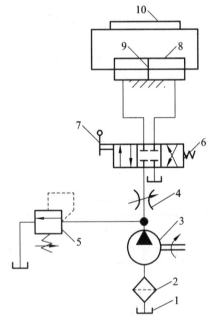
（b）用图形符号表示的液压原理图

图3-14　磨床工作台液压系统

1—油箱；2—过滤器；3—液压泵；4—节流阀；5—溢流阀；6—换向阀；

7—手柄；8—液压缸；9—活塞；10—工作台

　　工作台移动时，要克服各种负载（如切削力、摩擦力等）。因为工件材料不同、切削用量不同，其负载大小也不同，因此液压缸必须有足够大的推力来克服工作负载。液压缸的推力是由油液压力产生的，其负载越大，所需推力就越大，工作压力也越高。即工作压力的高低直接取决于负载的大小。同时根据负载不同，系统提供的油液压力可以调整，通过调整溢流阀 5 的弹簧压紧力来控制油液的压力，压紧力越大，油液压力越大；反之则小。油液的压力数值可以通过压力表来观察，当系统压力达到溢流阀的调整压力时，溢流阀溢流，系统的压力维持在溢流阀的调定值上，油液压力不再升高。

实践操作

1. 仔细阅读磨床工作台液压系统图（见图 3-14）

读图提示：

（1）阅读程序框图。通过阅读程序框图大体了解液压回路的概况和动作顺序及要求等。

（2）液压回路图中表示的位置（包括各种阀、执行元件的状态等）均为停机时的状态。因此，要正确判断各行程发信元件此时所处的状态。

（3）在回路图中，线条不代表管路的实际走向，只代表元件与元件之间的联系与制约关系。

2. 准备所需的元件（见表 3-1）

表 3-1　所需元件

元件名称	元件图片	数　量
液压泵		1
双作用双杆液压缸		1
三位四通手动换向阀		1
油箱		1

续表

元件名称	元件图片	数　量
油管及其管接头		若干
溢流阀		1

准备提示：对照安装明细表准备好各个元件并仔细检查，必须确保型号一致、性能合格、调整机构灵活、显示灵敏准确。如果发现问题，要及时处理，决不可将就使用。

3. 安装元件并连接磨床工作台液压回路（见图 3-15）

图 3-15　连接元件

操作提示：

（1）油管布置平直整齐，减少长度和转弯。这样既美观，又能使检修方便，也减少了沿程压力损失和局部压力损失。对于较复杂的油路系统，还可避免检修拆卸后重装时接错。

（2）安装泵和阀时，必须注意：各油口的方位，按照上面的标记对应安装。接头处要紧固、密封，无漏油、漏气。尤其是板式元件，要注意进出油口处的密封圈，决不可缺失、脱落或错位。

（3）安装前要检查各阀、泵的转动或移动，应灵活无卡死、呆滞等情况。一般元件的卡死、呆滞现象多由保管不当进入灰尘、产生水锈或调整不当等引起，可通过清洗、研磨、调整加以消除。

（4）安装各种阀时，应注意进油口与回油口的方位，某些阀如将进油口与回油口装反，会造成事故。

4. 调试、运行

操作提示：

（1）调试之前要检查油管连接处是否紧固，若发现漏油或喷油，请立即按"停止"按钮后检查，否则会产生危险。

（2）泵启动前应检查油温。若油温低于 10 ℃，则应空载运转 20 min 以上才能加载运转。若室温在 0 ℃ 以下或高于 35 ℃，则应采取加热或冷却措施后再启动。工作中应随时注意油液温升。正常工作时，一般液压系统油箱中油液的温度不应超过 60 ℃；程序控制机床的液压系统或高压系统油箱中的油温不应超过 50 ℃；精密机床的温升应控制在 15 ℃ 以下。

（3）操作手柄时切勿用力过猛，以免损坏弹簧。

5. 停机、维护

操作提示：

（1）停机断电后做好相应的清洁工作，将每个元件及油管都擦拭干净后再放入相应位置，之后再将试验台擦干净。

（2）液压油要定期检查、更换。

（3）使用中应注意过滤器的工作情况，滤芯应定期清理或更换。

知识拓展

一、磨床简介

磨床主要用砂轮旋转研磨工件，以使其达到要求的平整度，如图 3-16 所示。工作台根据其形状可分为矩形工作台和圆形工作台两种。矩形工作台平面磨床的主参数为工作台宽度及长度，圆形工作台的主参数为工作台面直径。磨床根据轴类的不同可分为卧轴和立轴磨床，如 M7432 型立轴圆台平面磨床、4080 型卧轴矩台平面磨床。

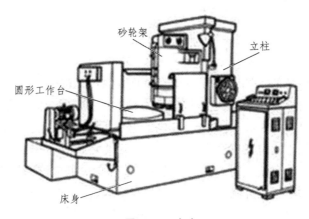

图 3-16　磨床

1. 基本分类

磨削工件平面或成型表面的一类磨床,主要类型有卧轴矩台、卧轴圆台、立轴矩台、立轴圆台和各种专用平面磨床。

① 卧轴矩台平面磨床:工件由矩形电磁工作台吸住或夹持在工作台上,并做纵向往复运动。砂轮架可沿滑座的燕尾导轨(见机床导轨)做横向间歇进给运动(见机床),滑座可沿立柱的导轨做垂直间歇进给运动,用砂轮周边磨削工件,磨削精度较高。

② 立轴圆台平面磨床:竖直安置的砂轮主轴以砂轮端面磨削工件,砂轮架可沿立柱的导轨做间歇的垂直进给运动。工件装在旋转的圆工作台上可连续磨削,生产效率较高。为了便于装卸工件,圆工作台还能沿床身导轨纵向移动。

③ 卧轴圆台平面磨床:适用于磨削圆形薄片工件,并可利用工作台倾斜磨出厚薄不等的环形工件。

④ 立轴矩台平面磨床:由于砂轮直径大于工作台宽度,磨削面积较大,适用于高效磨削。

⑤ 双端面磨床:利用两个磨头的砂轮端面同时磨削工件的两个平行平面,有卧轴和立轴两种形式。工件由直线式或旋转式等送料装置引导通过砂轮。这种磨床效率很高,适用于大批量生产轴承环和活塞环等零件。此外,还有专用于磨削机床导轨面的导轨磨床、磨削透平叶片型面的专用磨床等。

2. 液压装置

平面磨床使用黏度为 46 号的液压油。

新机在使用三个月后需更换液压油,以后则每年更换一次,同时须清洁油箱。每天检查液压油油位,油位应保证在最低与最高线之间。液压马达启动前,须确定流量调速杆在关闭位置,须先开吸磁后开液压。

二、电磁铁

电磁铁按使用电源的不同,可分为交流和直流两种;按衔铁工作腔是否有油液又可分为"干式"和"湿式"。交流电磁铁启动力较大,不需要专门的电源,吸合、释放快,动作时间为 $0.01 \sim 0.03$ s,其缺点是若电源电压下降15%以上,则电磁铁吸力明显减小,若衔铁不动作,干式电磁铁会在 $10 \sim 15$ min 后烧坏线圈(湿式电磁铁为 $1 \sim 1.5$ h),且冲击及噪声较大,寿命低,因而在实际使用中交流电磁铁允许的切换频率一般为 10 次/min,不得超过 30 次/min。直流电磁铁工作较可靠,吸合、释放动作时间为 $0.05 \sim 0.08$ s,允许使用的切换频率较高,一般可达 120 次/min,最高可达 300 次/min,且冲击小、体积小、寿命长。但需有专门的直流电源，成本较高。此外，还有一种整体电磁铁，其电磁铁是直流的，但电磁铁本身带有整流器，通入的交流电经整流后再供给直流电磁铁。目前，国外新发展了一种油浸式电磁铁，不但衔铁，而且激磁线圈也都浸在油液中工作，它具有寿命更长、工作更平稳可靠等特点，但由于造价较高，应用面不广。

三、油管和管接头

油管和管接头用于连接液压元件，同时输送油液。其图形符号为横平或竖直的直线，而不能是斜线。

巩固练习

一、填　空

1. 换向阀通过改变阀芯和阀体间的相对位置来变换油液流动的方向，接通或（　　）油路，从而控制执行元件的换向启动和停止。

2. 换向阀按控制阀芯移动的方式不同，分为手动、机动、电磁动、（　　）和电液动等。

3. （　　）换向阀不能控制液压缸换向。

4. （　　）换向阀能控制双作用缸换向及任意位置停止。

5. （　　）换向阀控制单作用缸换向。

二、判　断

1. 换向阀的工作位置数称为"通"。　　　　　　　　　　　　　　　　（　　）

2. 所有的换向阀都可以使液压缸换向。　　　　　　　　　　　　　　（　　）

3. 换向阀主要由阀体、阀芯和弹簧组成。　　　　　　　　　　　　　（　　）

4. 换向阀中的弹簧的主要作用是使阀芯复位。　　　　　　　　　　　（　　）

5. 换向回路是指利用换向阀控制液压缸的启动、停止和换向。　　　　（　　）

三、作　图

1. 画出下列元件的图形符号：二位二通电磁换向阀、二位三通机动换向阀、二位四通液动换向阀、三位四通手动换向阀、三位四通电磁换向阀。

2. 试利用所学过的液压元件设计一个回路，完成将一个重物抬起和放下的工作。

项目四　汽车起重机支腿收放

📓 项目描述

汽车起重机汽车轮胎的支撑能力有限，而且为弹性变形体，作业很不安全，故作业前必须放下前后支腿，使汽车轮胎架空，用支腿承受质量。同时，要确保支腿能停放在任意位置，并且能可靠地锁定而不受外界的影响发生漂移或窜动。

吊车支腿的作用就是保证吊车在进行起吊时，能够平稳地进行起吊作业，而不会因为不平衡造成吊车出现侧翻现象。如果吊车在工作时，支腿自动出现下落现象的话，整个吊车很容易失去平衡而侧翻。因此，根据要求需构建起重机支腿的控制回路。

💡 教学目标

1. 能力目标

学生通过事故案例的分析，提高解决问题的能力。

2. 知识目标

（1）掌握普通单向阀、液控单向阀的作用及图形符号。
（2）掌握锁紧回路的作用及工作原理。
（3）了解汽车起重机的工作过程及应用。

3. 素质目标

培养学生乐于动脑、善于发现问题的能力。

📖 项目分析

观察与思考：图 4-1 中起重机在工作过程中发生了侧翻，这是什么原因造成的？我们应该如何解决呢？

图 4-1　起重机侧翻

 问题探究

任务一　探究液控单向阀

一、换向阀的中位机能

换向阀的中位机能分析：三位换向阀的阀芯在中间位置时，各通口间有不同的连通方式，可满足不同的使用要求，这种连通方式称为换向阀的中位机能。表 4-1 为各换向阀的中位机能。

表 4-1　换向阀的中位机能

形式	符　号	中位油口状况、特点及应用
O 型		P、A、B、T 四口全封闭，液压泵不卸荷，液压缸闭锁，可用于多个换向阀的并联工作
P 型		P、A、B 口相通，T 口封闭，泵与缸两腔相通，可组成差动回路
Y 型		P 口封闭，A、B、T 三口相通，活塞浮动，在外力作用下可移动，泵不卸荷
M 型		P、T 口相通，A、B 口均封闭，活塞闭锁不动，泵卸荷，也可用于多个 M 型换向阀串联工作
H 型		四口全串通，活塞处于浮动状态，在外力作用下可移动，泵卸荷

> **小提示**
>
> 　　当 P 口被堵塞时系统保压；当 P 口与 T 口相通时，液压泵卸荷；液压缸浮动是指液压缸停止后在外力作用下会发生移动；液压缸锁紧是指液压缸停止后在外力作用下仍静止不动。

二、普通单向阀

　　图 4-2（b）为一种管式普通单向阀的结构，压力油从阀体左端的通口流入时克服弹簧 3 作用在阀芯上的力，使阀芯向右移动，打开阀口，并通过阀芯上的径向孔 a、轴向孔 b 从阀体右端的通口流出；但是压力油从阀体右端的通口流入时，液压力和弹簧力一起使阀芯压紧在阀座上，使阀口关闭，油液无法通过，其图形符号如图 4-2（c）所示。一般单向阀的开启压力在 0.035～0.05 MPa，作背压阀使用时，可更换刚度较大的弹簧，使开启压力达到 0.2～0.6 MPa。

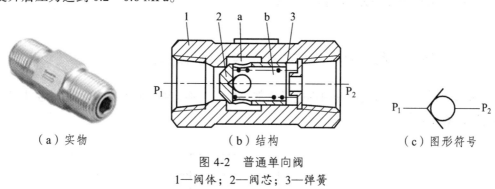

（a）实物　　　　　　　　（b）结构　　　　　　　　（c）图形符号

图 4-2　普通单向阀

1—阀体；2—阀芯；3—弹簧

三、液控单向阀

　　图 4-3（b）为一种液控单向阀的结构，当控制口 K 处无压力油通入时，它的工作

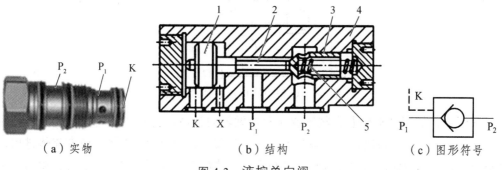

（a）实物　　　　　　　　（b）结构　　　　　　　　（c）图形符号

图 4-3　液控单向阀

1—活塞；2—顶杆；3—阀芯；4—阀体；5—弹簧

和普通单向阀一样，压力油只能从进油口 P_1 流向出油口 P_2，不能反向流动。当控制口 K 处有压力油通入时，控制活塞 1 右侧 a 腔通泄油口（图中未画出），在液压力作用下活塞向右移动，推动顶杆 2 顶开阀芯，使油口 P_1 和 P_2 接通，油液就可以从 P_2 口流向 P_1 口。

任务二　探究支腿的锁紧回路结构

📖**小知识点**

锁紧回路是指液压缸在停止后不会受外力的影响而发生移动。

一、方案一：利用 O 型中位机能锁紧起重机的支腿

如图 4-4 所示，当换向阀两端电磁铁都失电时，换向阀的中位工作，此时各油路均不通油，液压缸静止不动。

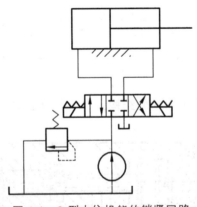

图 4-4　O 型中位机能的锁紧回路

滑阀：依靠圆柱形阀芯在阀体或阀套内做轴向移动而打开或关闭阀口的液压控制阀，如图 4-5 所示。滑阀是利用阀芯（柱塞、阀瓣）在密封面上滑动，改变流体进出口通道位置以控制流体流向的分流阀。滑阀常用于蒸汽机、液压和气压等装置，使运动机构获得预定方向和行程的动作或者实现自动连续运转。

图 4-5 滑阀

滑阀的操作方式有：手动式、机动式、电动式、液动式、电液式。尽管滑阀的操作方式多种，但其主体部分基本相同，都是由阀体和滑阀式阀芯组成，阀体上有沉割槽，阀芯上有凸肩，用阀芯与阀体的相对滑动来改变油路的通断关系而实现换向，由此而得名滑阀。滑阀的特点：动作可靠，工艺性好，阀芯受力平衡，操纵力小，可用于高压大流量场合。

二、方案二：利用单向阀锁紧起重机的支腿

如图 4-6 所示，当换向阀两端电磁铁都失电时，液压泵输出的油液直接流回油箱，液压缸两腔中无油液进入，因此液压缸静止。

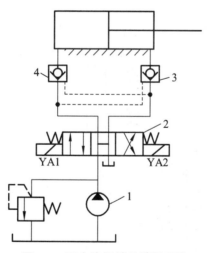

图 4-6 双向液压锁的锁紧回路

1—液压泵；2—三位四通 H 型电磁换向阀；3，4—双向液压锁

图 4-7 为锥阀。通过改变锥阀的阀芯与阀座之间的间隙，可以接通和断开油路。当阀芯与阀座的锥面在一定的压力作用下仅仅接触时，阀就处于关闭状态；当阀芯与阀座之间有间隙时，则油路开通。与滑阀相比，锥阀可以做到密封面之间无间隙，能够完全切断油路，对油液中杂质污染不敏感，使用场合广泛。

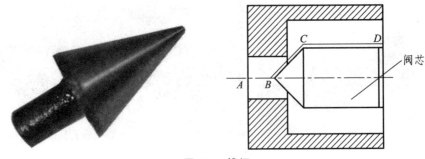

图 4-7　锥阀

上述两个方案哪个可以使液压缸在受外力作用下不发生移动呢?

综合上述分析可知，起重机发生侧翻主要是因为 4 个支腿中的某一个或是两个发生了"软腿"，即液压缸受到了外力的作用，发生了收缩而使起重机失去了平衡。方案一采用的是换向阀 O 型中位机能，由于换向阀阀芯是圆柱形的，换向阀阀芯和阀体间总是存在间隙，这就造成换向阀内部的泄漏，很容易受外力作用发生滑动，锁紧效果不好。若要求执行机构在停止运动时不受外界影响，就需要采用方案二利用液控单向阀进行锁紧，它的阀芯是锥阀，当反向通油时，阀芯会牢牢锁紧住油路，故锁紧效果较好，所以采用方案二。

起重机有 4 个支腿，其油路结构设计如图 4-8 所示。

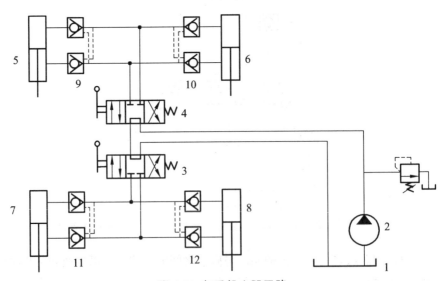

图 4-8　起重机支腿回路

1—油箱；2—液压泵；3，4—三位四通手动换向阀；5，6—前支腿液压缸；
7，8—后支腿液压缸；9，10，11，12—双向液压锁；13—溢流阀当三位四通手动换向阀4左位工作时，前支腿放下，其油路如下：

进油路：液压泵1→手动换向阀4左位→液控单向阀9、10→前支腿两液压缸上腔；

回油路：支腿液压缸下腔→液控单向阀→手动换向阀4左位→手动换向阀3中位→油箱。

当手动换向阀4右位工作时，前支腿收回，其主油路如下：

进油路：液压泵1→手动换向阀4右位→液控单向阀→前支腿液压缸下腔；

回油路：前支腿液压缸上腔→液控单向阀→手动换向阀4右位→手动换向阀3中位→油箱。

后支腿两个液压缸用三位四通手动换向阀3控制，其油路流动情况与前支腿油路类似。这里不再赘述。

由于汽车轮支持能力有限，且为弹性变形体，作业时很不安全，因此起重机在起重作业前，必须放下前、后支腿来支撑汽车，架空轮胎，而在行驶时将支腿收起，使轮胎着地。为此，汽车的前、后两端各设置两条支腿，每条支腿都装有液压缸。前支腿两个液压缸同时用一个三位四通手动换向阀4控制其收、放动作，而后支腿两个液压缸则用另一个三位四通手动换向阀3控制其收、放动作。为确保支腿能停放在任意位置并能可靠地锁住，在支腿液压缸的控制回路中设置了双向液压锁。

实践操作

1. 仔细阅读起重机支腿液压系统图（见图4-8）

读图提示：

（1）阅读程序框图。通过阅读程序框图大体了解液压回路的概况和动作顺序及要求等。

（2）液压回路图中表示的位置（包括各种阀、执行元件的状态等）均为停机时的状态。因此，要正确判断各行程发信元件此时所处的状态。

（3）在回路图中，线条不代表管路的实际走向，只代表元件与元件之间的联系与制约关系。

2. 准备所需的元件（见表4-2）

表4-2　所需元件

元件名称	元件图片	数　量
液压泵		1
双作用单杆液压缸		4

续表

元件名称	元件图片	数 量
三位四通手动换向阀		2
油箱		1
油管及其管接头		若干
溢流阀		1
双向液压锁		4

准备提示：对照安装明细表准备好各个元件并仔细检查，必须确保型号一致、性能合格、调整机构灵活、显示灵敏准确。如果发现问题，要及时处理，决不可将就使用。

3. 安装元件并连接支腿液压回路（见图4-9）

图4-9　连接元件

操作提示：

（1）油管布置平直整齐，减少长度和转弯。这样既美观，又能使检修方便，也减少了沿程压力损失和局部压力损失。对于较复杂的油路系统，还可避免检修拆卸后重装时接错。

（2）安装泵和阀时，必须注意：各油口的方位，按照上面的标记对应安装。接头处要紧固、密封，无漏油、漏气。尤其是板式元件，要注意进出油口处的密封圈，决不可缺失、脱落或错位。

（3）安装前要检查各阀、泵的转动或移动，应灵活无卡死、呆滞等情况。一般元件的卡死、呆滞现象多由保管不当进入灰尘、产生水锈或调整不当等引起，可通过清洗、研磨、调整加以消除。

（4）安装各种阀时，应注意进油口与回油口的方位，某些阀如将进油口与回油口装反，会造成事故。

4. 调试、运行

操作提示：

（1）调试之前要检查油管连接处是否紧固，若发现漏油或喷油，请立即按"停止"按钮后检查，否则会产生危险。

（2）泵启动前应检查油温。

（3）操作手柄时切勿用力过猛，以免损坏弹簧。

5. 停机、维护

操作提示：

（1）停机断电后做好相应的清洁工作，将每个元件及油管都擦拭干净后再放入相应位置，之后再将试验台擦干净。

（2）液压油要定期检查、更换。

（3）使用中应注意过滤器的工作情况，滤芯应定期清理或更换。

知识拓展

1. 液控单向阀的作用

（1）保持压力。

滑阀式换向阀都有间隙泄漏现象，只能短时间保压。当有保压要求时，可在油路上加一个液控单向阀，利用锥阀关闭的严密性，使油路长时间保压。

（2）液压缸的"支承"。

在立式液压缸中，由于滑阀和管的泄漏，在活塞和活塞杆的重力下，可能引起活塞和活塞杆下滑。将液控单向阀接于液压缸下腔的油路，则可防止液压缸活塞和滑块等活动部分下滑。

（3）实现液压缸锁紧。

当换向阀处于中位时，两个液控单向阀关闭，可严密封闭液压缸两腔的油液，这时活塞就不能因外力作用而产生移动。

（4）大流量排油。

液压缸两腔的有效工作面积相差很大。在活塞退回时，液压缸右腔排油量骤然增大，此时若采用小流量的滑阀，会产生节流作用，限制活塞的后退速度；若加设液控单向阀，在液压缸活塞后退时，控制压力油将液控单向阀打开，便可以顺利地将右腔油液排出。

（5）作充油阀。

立式液压缸的活塞在高速下降过程中，因高压油和自重的作用，致使下降迅速，产生吸空和负压，必须增设补油装置。液控单向阀作为充油阀使用，以完成补油功能。

（6）组合成换向阀。

在设计液压回路时，有时可将液控单向阀组合成换向阀使用。例如：用两个液控单向阀和一个单向阀并联（单向阀居中），则相当于一个三位三通换向阀的换向回路。需要指出，控制压力油油口不工作时，应使其通回油箱，否则控制活塞难以复位，单向阀反向不能截止液流。

图 4-10 为液控单向阀的作用图。

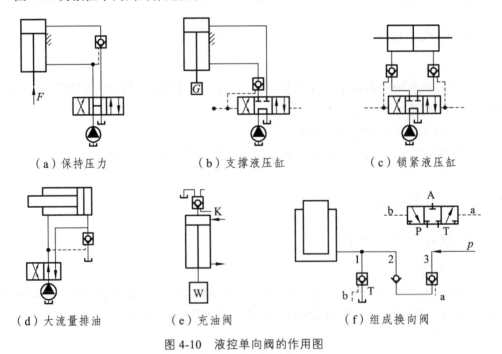

（a）保持压力　　　　　　（b）支撑液压缸　　　　　　（c）锁紧液压缸

（d）大流量排油　　　　　　（e）充油阀　　　　　　（f）组成换向阀

图 4-10　液控单向阀的作用图

2. 插装阀

（1）插装阀也称为插装式锥阀或逻辑阀。它是一种结构简单，标准化、通用化程度高，通油能力大，液阻小，密封性能和动态特性好的新型液压控制阀，目前在液压压力机、塑料成形机械、压铸机等高压大流量系统中应用很广泛。

（2）插装阀的工作原理。

从结构简图 4-11（a）可知，它有两个管道连接口 A、B 和一个控制口 C，锥阀上腔连接先导控制阀，与控制油路相通。从工作原理上看，它相当于液控单向阀，当控制油口 C 与油箱相接时，锥阀打开，A、B 两油口相通，故利用先导控制阀使 C 口卸压或加压，就可实现锥阀的启闭。

（3）锥阀与小流量电磁阀组合可构成方向阀，如图 4-11（b）所示为锥阀式方向阀。锥阀与各种先导压力阀组合起来可构成各种压力控制阀，如图 4-11（c）所示为锥阀式压力阀。若 B 口为回油口，该阀起溢流阀作用。若 B 口是接通系统的一条支路，该阀就起顺序阀的作用。

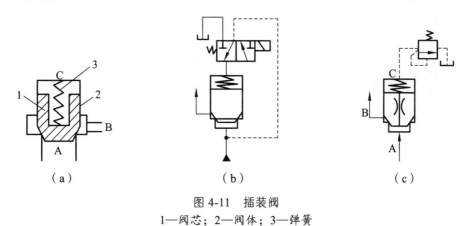

（a）　　　　　　　　　（b）　　　　　　　　　（c）

图 4-11　插装阀
1—阀芯；2—阀体；3—弹簧

由此可见，一个锥阀相应地配上电磁阀和先导压力阀或采取调速措施，就可以在系统中起到换向阀、压力阀或节流阀的作用。

3. 液压辅助元件

液压系统辅助装置主要包括蓄能器、过滤器、油箱、热交换器、管件等，液压辅助元件对系统的动态性能、工作稳定性、工作寿命、噪声和温升等都有直接影响，必须予以重视。其中，油箱一般根据系统要求自行设计，其他辅助装置制成标准件。

4. 油箱的种类与结构

油箱的作用是储存油液、散发热量、沉淀杂质和分离混入油液中的空气或水分。

油箱按其液面是否与大气相通可分为开式油箱和压力式油箱两种。

（1）开式油箱。开式油箱应用普遍，油箱内液面直接与大气相通。油箱液面压力为大气压。

（2）压力式油箱。压力式油箱完全封闭，由空压机向气罐充气，再由充气罐经滤清、干燥、减压后进入油箱使液面压力高于大气压，从而改善了泵的吸油性能、减少了气蚀和噪声。

油箱的结构如图 4-12 所示，一般采用 4 mm 左右的钢板焊接而成。油箱内装有隔板 7、8，它将液压泵的吸油区与系统回油区分开，油箱侧壁装有油位计和注油口 5，油箱底部装有放油阀 6，开式油箱盖板上装有滤清器 2，小型液压系统的泵和电机可以安装在油箱盖板 4 上。

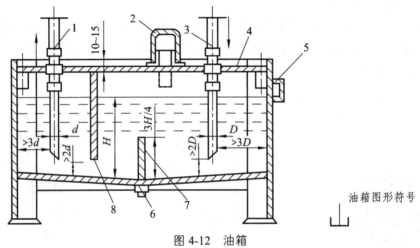

图 4-12　油箱

1—吸油管；2—滤清器位置；3—回油管；4—盖板；5—液位计；6—放油阀；7，8—隔板

设计油箱时应考虑如下几点：

（1）油箱必须有足够大的容积。一方面尽可能地满足散热的要求，另一方面在液压系统停止工作时应能容纳系统中的所有工作介质；而工作时又能保持适当的液位。

（2）吸油管及回油管应插入最低液面以下，以防止吸空和回油飞溅产生气泡。管口与箱底、箱壁距离一般不小于管径的 3 倍。吸油管可安装 100 μm 左右的网式或线隙式过滤器，安装位置要便于装卸和清洗过滤器。回油管口要斜切 45°角并面向箱壁，以防止回油冲击油箱底部的沉积物，同时也有利于散热。

（3）吸油管和回油管之间的距离要尽可能地远些，之间应设置隔板，以加大液流循环的途径，这样能提高散热、分离空气及沉淀杂质的效果。隔板高度为液面高度的 2/3 ~ 3/4。

（4）为了保持油液清洁，油箱应有周边密封的盖板，盖板上装有空气过滤器，注油及通气一般都由一个空气过滤器来完成。为便于放油和清理，箱底要有一定的斜度，并在最低处设置放油阀。对于不易开盖的油箱，要设置清洗孔，以便于油箱内部的清理。

（5）油箱底部应距地面 150 mm 以上，以便于搬运、放油和散热。在油箱的适当位置要设吊耳，以便吊运，还要设置液位计，以监视液位。

过滤器的作用是过滤混在油液中的各种杂质，以免它们进入液压传动系统。

一般，液压过滤器主要由滤芯（或滤网）和壳体（或骨架）构成。由滤芯上的无数微小间隙或小孔构成油液的流通面积，因此，当混入油液中的杂质尺寸大于这些微小间隙或小孔时，被阻隔从油液中滤清出来。由于不同的液压系统有着不同的要求，而要完全滤清混入油液中的杂质是不可能的，有时也是不必苛求的。

5. 过滤器的种类及特点（见表4-3）

表4-3 过滤器的种类及特点

名称	样图	特点
网式过滤器		网式滤油器，其滤芯以铜网或者不锈钢网为过滤材料，在周围开有很多孔的塑料或金属筒形骨架上，包着一层或两层铜丝网，其过滤精度取决于铜网层数和网孔的大小。这种过滤器结构简单，通流能力大，清洗方便，但过滤精度低，一般用于液压泵的吸油口
线隙式过滤器		线隙式滤油器，用钢线或铝线密绕在筒形骨架的外部来组成滤芯，依靠铜丝间的微小间隙滤除混入液体中的杂质。其结构简单，通流能力大，压力损失小，过滤精度比网式过滤器高，但不易清洗，多为回油滤油器
烧结式过滤器		烧结式滤油器，其滤芯用金属粉末烧结而成，利用颗粒间的微孔来挡住油液中的杂质通过。其滤芯能承受高压，抗腐蚀性好，过滤精度高，适用于要求精滤的高压、高温液压系统
磁性过滤器		磁性过滤器的滤芯由永久磁铁制成，能吸住油液中的铁屑、铁粉或带磁性的磨料，常用于机床液压系统

过滤器的过滤精度是指滤芯能够滤除掉最小杂质颗粒的大小，以直径 d 作为公称尺寸。过滤器按过滤精度可分为粗过滤器（$d \leqslant 100 \ \mu m$）、普通过滤器（$d \leqslant 10 \ \mu m$）、精过滤器（$d \leqslant 5 \ \mu m$）、特精过滤器（$d \leqslant 1 \ \mu m$）。

液压过滤器的重要性：杂质混入液压油后，随着液压油的循环作用，将到处起破坏作用，严重影响液压系统的正常工作，如使液压元件中相对运动部件之间的很小间隙（以 μm 计）以及节流小孔和缝隙卡死或堵塞；破坏相对运动部件之间的油膜，划伤间隙表面，增大内部泄漏，降低效率，增加发热，加剧油液的化学作用，使油液变质。根据生产统计，液压系统中故障的75%以上是由于液压油中混入杂质造成的，因此维护油液的清洁，防止油液的污染，对液压系统是很重要的。

液压过滤器的技术要求：

① 过滤器材料应具有一定的机械强度，保证在一定的工作压力下不会因液压力的作用而受到破坏。

② 在一定的工作温度下，应保持性能稳定，有足够的耐久性。

③ 有良好的抗腐性能力。

④ 结构尽量简单，尺寸紧凑。

⑤ 便于清洗维护，便于更换滤芯。

⑥ 造价低廉。

过滤器的安装位置如图4-13所示。

（1）泵入口的吸油粗滤器。

该过滤器用来保护泵，使其不致吸入较大的机械杂质，根据泵的要求，可用粗的或普通精度的过滤器。为了不影响泵的吸油性能，防止发生气穴现象，滤油器的过滤能力应为泵流量的两倍以上，压力损失不得超过0.01～0.035 MPa。

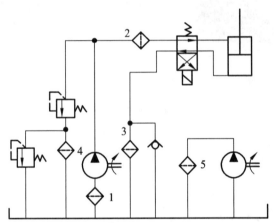

图4-13　过滤器的图形符号与安装位置

1，2，3，4，5—过滤器

（2）泵出口油路上的高压滤油器。

这种安装主要用来滤除进入液压系统的污染杂质，一般采用过滤精度10～15 μm的过滤器。它应能承受油路上的工作压力和冲击压力，其压力降应小于0.35 MPa，并应有安全阀或堵塞状态发信装置，以防泵过载和滤芯损坏。

（3）系统回油路上的低压过滤器。

该过滤器可滤去油液流入油箱以前的污染物，为液压泵提供清洁的油液。因回油路压力很低，可采用滤芯强度不高的精滤油器，并允许滤油器有较大的压力降。

（4）安装在系统以外的旁路过滤系统。

大型液压系统可专设一液压泵和过滤器构成的过滤子系统，滤除油液中的杂质，以保护主系统。

安装过滤器时应注意，一般过滤器只能单向使用，即进、出口不可互换。

巩固练习

一、填　空

1. 液控单向阀可使油液（　　　）方向流动。

2. 当三位四通电磁换向阀两端的电磁铁断电时，阀芯处于（　　　）位置。

3. 三位四通换向阀处于中间位置时，能使用双作用单杆液压缸实现差动连接的中位机能是（　　　）。

4. 换向阀中，与液压系统油路相连通的油口称为（　　　）。

5. 普通单向阀的作用是使液体（　　　）流动，而不能反方向流动；一般由（　　　）、（　　　）和（　　　）等零件构成。

二、判　断

1. 普通单向阀可以使油液两个方向流动。　　　　　　　　　　　　　（　　）

2. O型中位机能液压泵卸荷，液压缸锁紧不动。　　　　　　　　　　（　　）

3. P型中位机能可实现液压缸的差动连接。　　　　　　　　　　　　（　　）

4. 液控单向阀采用锥阀阀芯，锁紧效果好。　　　　　　　　　　　　（　　）

5. 锁紧回路是指可以使液压缸静止不动的回路。　　　　　　　　　　（　　）

三、问　答

1. 普通单向阀与液控单向阀在作用上有何不同？

2. 在图 4-14 中，液压泵和液压缸之间加上一个适当的换向阀，以满足要求：活塞能够左、右移动，必要时能使活塞在任意位置上停止，并防止其窜动，此时要使泵卸荷。

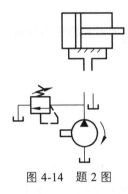

图 4-14　题 2 图

3. 在图 4-15 中，液压泵和液压缸之间加上一个适当的换向阀，以满足要求：活塞能够左、右移动，必要时能使活塞处于浮动状态，使泵处于卸荷状态。

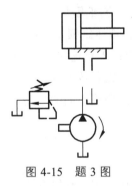

图 4-15　题 3 图

4. 在图 4-16 中，液压泵和液压缸之间加上一个适当的换向阀，以满足要求：活塞能够左、右移动，必要时能使活塞在任意位置停止，此时系统仍保持压力。

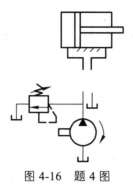

图 4-16　题 4 图

项目五　粘压机

项目描述

如图 5-1 所示为工业粘压机的工作示意图。粘压机是通过液压缸的伸出，将材料粘贴在粘贴板上，并根据材料的不同需要调整压力，当一个动作完成后，返回准备下一个动作。这就需要液压系统能够提供 3 种不同的稳定工作压力，同时为了保证系统安全，还必须保证系统过载时能有效地卸荷。通过分析粘压机的工作原理，试构建粘压机的控制回路。

图 5-1　粘压机

教学目标

1. 能力目标

通过设立学习情境，将学生引入到情境中去，提高学生独立思考的能力。

2. 知识目标

（1）掌握溢流阀的工作原理、图形符号及作用。

（2）掌握调压回路的工作原理及应用。

（3）了解多级调压回路的构建及应用。

3. 素质目标

培养学生不断尝试、勇于创新的精神。

项目分析

观察与思考：稳定的工作压力是保证系统工作平稳的先决条件，同时液压系统一旦过载，如果没有有效的卸荷措施，将会使液压泵处于过载状态而破坏。为了有效地控制压力，需采用什么元件和回路来实现呢？

问题探究

任务一　探究溢流阀及调压回路

一、溢流阀的作用

溢流阀的用途有多种，其主要是在溢去系统多余油液的同时使系统压力得到调整并保持基本恒定。溢流阀通常接在液压泵出口处的油路上。在定量泵系统中，一般用溢流阀来调节并稳定系统的工作压力。在变量泵系统中，通过改变泵的排量来调节系统的工作压力，溢流阀用于调节系统的安全压力值，起到系统过载保护的作用。

二、溢流阀的结构和分类

溢流阀主要包括阀体、阀芯和复位弹簧。溢流阀按工作原理可分为两种：一种是直动式溢流阀，另一种是先导式溢流阀。

三、溢流阀的工作原理

1. 直动式溢流阀

直动式溢流阀是依靠系统中的压力油直接作用在阀芯上与弹簧力等相平衡，以控制阀芯的启闭动作，当作用于阀芯底面的液压作用力 $pA < F_{簧}$ 时，阀芯在弹簧力作用下往下移并关闭回油口，没有油液流回油箱。当系统压力 $pA > F_{簧}$ 时，阀芯上移，打开回油口，部分油液流回油箱，限制压力继续升高，使液压泵出口处压力保持 $p = F_{簧}/A$ 恒定值。调节弹簧力 $F_{簧}$ 的大小，即可调节液压系统压力的大小，如图 5-2 所示。

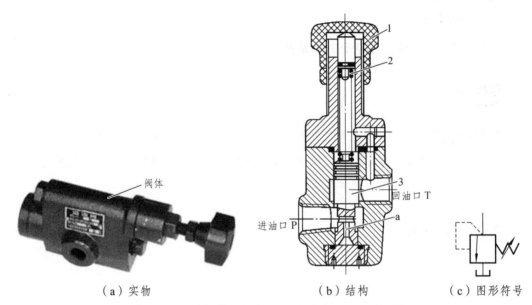

（a）实物　　　　　　　　（b）结构　　　　　　（c）图形符号

图 5-2　直动式溢流阀结构及图形符号

1—调压螺母；2—弹簧；3—阀芯

直动式溢流阀结构简单，制造容易、成本低，但是油液压力直接靠弹簧平衡，所以压力稳定性差，动作时有振动和噪声；此外，系统压力较高时，要求弹簧刚度大，使阀的开启性能变坏。所以直动式溢流阀只适用于低压系统中。

2. 先导式溢流阀

先导式溢流阀的结构和图形符号如图 5-3 所示。它由先导阀和主阀两部分组成。液压力同时作用于主阀芯及先导阀芯上。当先导阀芯未打开时，阀腔中油液没有流动，作用在主阀芯上下两个方向液压力平衡，主阀芯在弹簧的作用下处于最下端位置，阀口关闭。当进油压力增大到使先导阀芯打开时，极少量的油液流过主阀芯上的阻尼孔 b、c 后，打开先导阀芯流回油箱。由于阻尼孔的阻尼作用，使主阀芯所受到的上下两个方向的液压力不相等，主阀芯在压差的作用下上移，打开阀口，实现溢流，使阀芯处于平衡并保证了阀进口压力基本恒定。调节先导阀的调压弹簧，便可调节溢流阀的进口压力。

先导式溢流阀有一个远程控制口 K，如果将 K 口用油管接到另一个远程调压阀（远程调压阀的结构和溢流阀的先导控制部分一样），调节远程调压阀的弹簧力，即可调节溢流阀主阀芯上端的液压力，从而对溢流阀的溢流压力实现远程调压。但是，远程调压阀所能调节的最高压力不得超过溢流阀本身导阀的调整压力。当远程控制口 K 通过二位二通阀接通油箱时，主阀芯上端的压力接近于零，主阀芯上移到最高位置，阀口开得很大。由于主阀弹簧较软，这时溢流阀 P 口处压力很低，系统的油在低压下通过溢流阀流回油箱，实现卸荷。

（a）实物

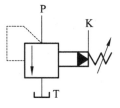
（b）图形符号

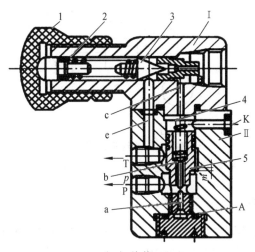
（c）结构

图 5-3　先导式溢流阀的结构
1—调节螺母；2—调压弹簧；3—锥阀；4—主阀弹簧；5—主阀芯

📖小知识

　　先导阀实际上是一个小流量的直动式溢流阀，阀芯是锥阀，受压面积较小，所以用一个刚度不太大的弹簧即可调整较高的开启压力，用螺钉调节先导阀弹簧的预紧力，就可调节溢流阀的溢流压力。主阀阀芯是滑阀，用来控制溢流流量。先导式溢流阀压力稳定、波动小，主要用于中压液压系统中。

四、调压回路

调压回路的功用是调定或限定液压系统的最高工作压力，或使执行元件在工作过程中不同阶段实现压力变换。为使系统的压力与负载相适应并保持稳定，或为了安全而限定系统的最高压力，都要用到调压回路。

1. 单级调压回路

如图 5-4 所示，在液压泵 1 出口处设置并联的溢流阀 2，即可组成单级调压回路，从而控制液压系统的最高压力值。

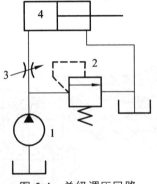

图 5-4　单级调压回路

1—定量泵；2—溢流阀；3—节流阀；4—液压缸

2. 二级调压回路

图 5-5 可实现两种不同的压力控制。当二位二通换向阀电磁铁失电时液压泵出口处的压力由溢流阀 2 调定，当二位二通换向阀得电时液压泵出口处的压力由溢流阀 4 调定，此时保证 $p_4 < p_2$。

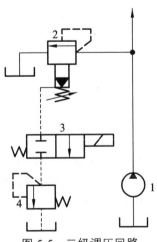

图 5-5　二级调压回路

1—液压泵；2—先导式溢流阀；3—二位二通电磁换向阀；4—直动式溢流阀

3. 多级调压回路

如图 5-6 所示，该回路是由 3 个溢流阀组成的三级调压回路。图中液压泵最大工作压力随三位四通阀左、右、中位置的不同而分别由远程调压阀 2、3 和溢流阀 1 调定。3 个阀在调整时须保证 $p_2 < p_1$、$p_3 < p_1$ 且 $p_2 \neq p_3$，以保证实现三级调压。这种回路可用于注塑机、液压机等液压系统中，以实现不同的工作阶段，使液压系统得到不同的压力等级。

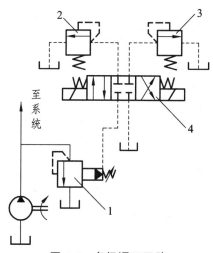

图 5-6　多级调压回路

1—先导式溢流阀；2，3—直动式溢流阀；4—三位四通 O 型电磁换向阀

任务二　粘压机液压控制回路分析

粘压机工作时，不同的材料，其粘压力也不同，系统的压力必须与负载相适应，因此可在液压缸进油口和出油口前旁路连接一个溢流阀，来调定系统压力。图 5-7 为采用三级调压回路实现粘压机工作的液压回路，在图示工作状态下，泵的出口由阀 1 调定为高压力，当换向阀 4 的左右电磁铁分别通电时，泵由远程调压阀 2 和 3 调定。阀 2 和 3 的调定压力必须小于阀 1 的调定压力。在进入液压缸前的油路上可设置一个中位机能为 O 型的三位四通电磁换向阀。通过该阀可以实现工作缸的工进与退回。当该阀两个电磁铁都断电时泵卸荷。

🔧 实践操作

1. 仔细阅读粘压机液压系统图（见图 5-7）

读图提示：

（1）阅读程序框图。通过阅读程序框图大体了解液压回路的概况和动作顺序及要求等。

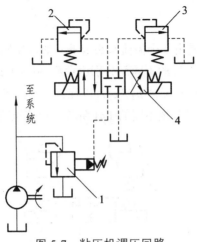

图 5-7　粘压机调压回路

1，2，3—溢流阀；4—换向阀

（2）液压回路图中表示的位置（包括各种阀、执行元件的状态等）均为停机时的状态。因此，要正确判断各行程发信元件此时所处的状态。

（3）在回路图中，线条不代表管路的实际走向，只代表元件与元件之间的联系与制约关系。

2. 准备所需的元件（见表 5-1）

表 5-1　所需元件

元件名称	元件图片	数量
液压泵		1
三位四通 O 型电磁换向阀		1
油箱		1
油管及其管接头		若干

元件名称	元件图片	数量
直动式溢流阀		2
先导式溢流阀		1

准备提示：对照安装明细表准备好各个元件并仔细检查，必须确保型号一致、性能合格、调整机构灵活、显示灵敏准确。如果发现问题，要及时处理，决不可将就使用。

3. 安装元件并连接粘压机液压回路（见图 5-8）

图 5-8 连接元件

操作提示：

（1）油管布置平直整齐，减少长度和转弯。这样既美观，又能使检修方便，也减少了沿程压力损失和局部压力损失。对于较复杂的油路系统，还可避免检修拆卸后重装时接错。

（2）安装泵和阀时，必须注意：各油口的方位，按照上面的标记对应安装。接头处要紧固、密封，无漏油、漏气。尤其是板式元件，要注意进出油口处的密封圈，决不可缺失、脱落或错位。

（3）安装前要检查各阀、泵的转动或移动，应灵活无卡死、呆滞等情况。一般元件的卡死、呆滞现象多由保管不当进入灰尘、产生水锈或调整不当等引起，可通过清洗、研磨、调整加以消除。

（4）安装各种阀时，应注意进油口与回油口的方位，某些阀如将进油口与回油口装反，会造成事故。

4. 调试、运行

操作提示：

（1）调试之前要检查油管连接处是否紧固，若发现漏油或喷油，请立即按"停止"按钮后检查，否则会产生危险。

（2）泵启动前应检查油温。

（3）操作手柄时切勿用力过猛，以免损坏弹簧。

5. 停机、维护

操作提示：

（1）停机断电后做好相应的清洁工作，将每个元件及油管都擦拭干净后再放入相应位置，之后再将试验台擦干净。

（2）液压油要定期检查、更换。

（3）使用中应注意过滤器的工作情况，滤芯应定期清理或更换。

知识拓展

1. 压力控制阀的定义

在液压系统中，控制油液压力高低或利用系统压力变化实现某种动作的控制阀称为压力控制阀。

2. 压力控制回路的定义及分类

压力控制回路是指利用压力控制阀来实现系统的调压、减压、卸荷、平衡、锁紧等，以满足执行元件对力或转矩要求的回路。压力控制回路有调压回路、减压回路、卸荷回路、平衡回路、锁紧回路等。

3. 溢流阀的作用

（1）定压溢流作用：在定量泵节流调节系统中，定量泵提供的是恒定流量。当系统压力增大时，会使流量需求减小。此时溢流阀开启，使多余流量溢回油箱，保证溢流阀进口压力，即泵出口压力恒定（阀口常随压力波动开启）。

（2）稳压作用：溢流阀串联在回油路上，溢流阀产生背压，运动部件平稳性增加。

（3）系统卸荷作用：在溢流阀的遥控口串接溢小流量的电磁阀，当电磁铁通电时，溢流阀的遥控口通油箱，此时液压泵卸荷。溢流阀此时作为卸荷阀使用。

（4）安全保护作用：系统正常工作时，阀门关闭。只有负载超过规定的极限（系统压力超过调定压力）时开启溢流，进行过载保护，使系统压力不再增加（通常使溢流阀的调定压力比系统最高工作压力高 10% ~ 20%）。

（5）实际应用中一般作卸荷阀，作远程调压阀，作高低压多级控制阀，作顺序阀，用于产生背压（串在回油路上）。

图 5-9 为溢流阀用于不同回路中所起的作用。

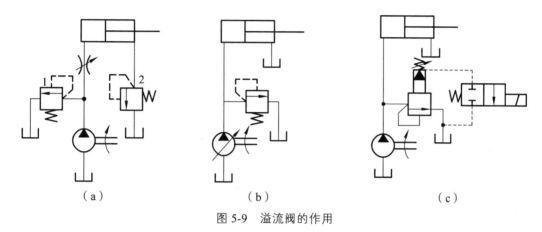

（a）　　　　　　　　　　（b）　　　　　　　　　　（c）

图 5-9　溢流阀的作用

巩固练习

一、填　空

1. 溢流阀属于（　　　）控制阀。

2. 调压回路所采用的主要液压元件是（　　　）。

3. 当溢流阀进口压力低于调整压力时，阀口是（　　　），当溢流阀进口压力等于调整压力时，阀口是（　　　）。

4. 溢流阀是利用（　　　）和弹簧力相平衡的原理来控制（　　　）的油液压力。

5. 有两个调整压力分别为 5 MPa 和 10 MPa 的溢流阀串联在液压泵的出口，泵的出口压力为（　　　）；并联在液压泵的出口，泵的出口压力又为（　　　）。

二、判　断

1. 溢流阀通常接在液压泵出口处的油路上，它的进口压力即系统压力。　（　　　）

2. 溢流阀用作系统的限压保护、防止过载的安全阀的场合，在系统正常工作时，该阀处于常闭状态。　　　　　　　　　　　　　　　　　　　　　　　（　　　）

3. 溢流阀常态下阀口是常开的。　　　　　　　　　　　　　　　　　　（　　　）

4. 溢流阀的泄油形式是内泄。 （　　）

5. 在液压系统中溢流阀的出油口与油箱相连。 （　　）

三、问答

1. 溢流阀有何特点？

2. 直动式溢流阀的工作原理是什么？

3. 先导式溢流阀的工作原理是什么？

4. 试设计一个二级调压回路，压力值分别是 5 MPa 和 10 MPa。

项目六　数控车床卡盘夹紧

 项目描述

在数控机床上利用液压系统的压力来对工件进行夹紧。液压夹紧装置要保持持续、稳定的夹紧力，直到工件加工完毕，并使主轴和刀具退回初始位置，如图6-1所示。

图6-1　数控车床卡盘

教学目标

1. 能力目标

提高学生动手操作的能力。

2. 知识目标

（1）掌握减压阀的工作原理、图形符号及作用。
（2）掌握减压回路的工作原理及应用。

3. 素质目标

培养学生爱岗敬业、无私奉献的精神。

项目分析

观察与思考：液压夹紧装置的油路属于液压系统的分支，其油压低于液压系统主油路。这需要利用具有减压功能的控制元件来实现。而且，一旦分支油路的压力超过夹紧装置所需压力时，液压夹紧装置的液压回路应该可以通过某个特定控制元件将超出的压力卸下来，恢复稳定的压力。

本项目要掌握上述两种功能的控制元件的结构和工作原理，要了解液压夹紧装置的液压回路如何工作达到液压夹紧装置的要求，想一想需采用什么元件和回路来实现呢？

![问题探究] 问题探究

任务一　探究减压阀及减压回路

一、减压阀的作用

减压阀主要用于降低液压系统某一支路油液的压力并且维持该压力基本稳定，确切地说是在工作时控制减压阀出口压力恒定，常用于夹紧、控制和润滑等油路中。

二、减压阀的工作原理

减压阀有直动式和先导式之分，直动式较少单独使用。先导式应用较多，它的典型结构及图形符号如图 6-2 所示。压力油由阀的进油口 P_1 流入，经阀芯减压口 h 减压后由出口 P_2 流出。同时，出口压力油经阀芯上的径向孔通道一路进入主阀芯的下腔，另一路经过主阀芯上的轴向阻尼孔 e 流到上腔，再由孔 c、d 作用于先导阀芯上。当出口油液压力低于先导阀芯的调定压力时，先导阀芯关闭，主阀芯上、下两腔压力相等，主阀芯在弹簧力作用下处于最下端，减压口开度 h 为最大，阀处于非工作状态，此时阀不起稳压作用。

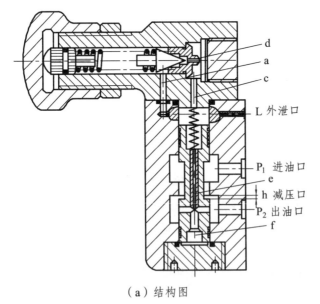

（a）结构图

（b）图形符号

图 6-2　先导式减压阀及图形符号

三、减压回路

液压夹紧装置液压回路系统中，主系统的工作压力由溢流阀来控制和调节，而分支油路（夹紧油路）的压力由减压阀来控制和调节。减压回路的功用是从调好压力的液压源处获得一级或几级较低的恒定工作压力，如图 6-3 所示。

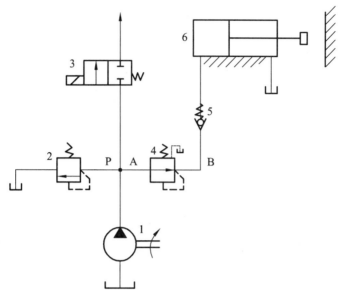

图 6-3　液压夹紧装置传动原理图
1—液压泵；2—溢流阀；3—换向阀；4—减压阀；5—单向阀；6—液压缸

任务二　卡盘夹紧油路结构分析

因卡盘所夹工件材料的不同，所需的夹紧力也不一样，故需要两个减压阀来控制高压夹紧和低压夹紧，这就需要一个换向阀来切换是高压夹紧还是低压夹紧。另外，再用一个换向阀控制卡盘的松开和夹紧。

如图 6-4 所示，主轴卡盘的夹紧与松开，由电磁阀 6 控制。卡盘的高压与低压夹紧转换，由电磁阀 5 控制。当卡盘处于正卡（也称外卡）且在高压夹紧状态下，夹紧力的大小由减压阀 4 来调节。当卡盘处于外卡且在低压夹紧状态下，夹紧力的大小由减压阀 3 来调整。

高压夹紧：YA2 断电、YA1 通电，换向阀 5 和 6 均位于左位。夹紧力的大小可通过减压阀 4 调节。这时液压缸活塞左移使卡盘夹紧，阀 4 的调定值高于阀 3，卡盘处于高压夹紧状态。松夹时，使 YA1 断电、YA2 断电，换向阀 5 切换至右位，活塞右移，卡盘松开。

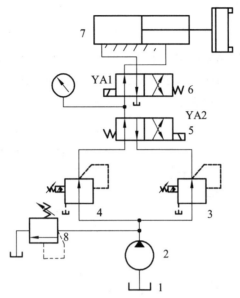

图 6-4　数控车床卡盘液压回路

1—油箱；2—液压泵；3，4—减压阀；5，6—二位四通电磁换向阀；7—液压缸；8—溢流阀

低压夹紧：这时 YA2 通电而使换向阀 5 切换至右位，液压油经减压阀 3 进入。通过调节阀 3 便能实现低压状态下的夹紧力。

🔧 实践操作

1. 仔细阅读卡盘夹紧液压系统图（见图 6-4）

读图提示：

（1）阅读程序框图。通过阅读程序框图大体了解液压回路的概况和动作顺序及要求等。

（2）液压回路图中表示的位置（包括各种阀、执行元件的状态等）均为停机时的状态。因此，要正确判断各行程发信元件此时所处的状态。

（3）在回路图中，线条不代表管路的实际走向，只代表元件与元件之间的联系与制约关系。

2. 准备所需的元件（见表 6-1）

表 6-1　所需元件

元件名称	元件图片	数　量
液压泵		1

续表

元件名称	元件图片	数 量
双作用单杆液压缸		1
二位四通电磁换向阀（单电磁铁）		2
油箱		1
油管及其管接头		若干
溢流阀		1
先导式减压阀		2
压力表		1

准备提示：对照安装明细表准备好各个元件并仔细检查，必须确保型号一致、性能合格、调整机构灵活、显示灵敏准确。如果发现问题，要及时处理，决不可将就使用。

3. 安装元件并连接磨床工作台液压回路（见图 6-5）

图 6-5 连接元件

操作提示：

（1）油管布置平直整齐，减少长度和转弯。这样既美观，又能使检修方便，也减少了沿程压力损失和局部压力损失。对于较复杂的油路系统，还可避免检修拆卸后重装时接错。

（2）安装泵和阀时，必须注意：各油口的方位，按照上面的标记对应安装。接头处要紧固、密封，无漏油、漏气。尤其是板式元件，要注意进出油口处的密封圈，决不可缺失、脱落或错位。

（3）安装前要检查各阀、泵的转动或移动，应灵活无卡死、呆滞等情况。一般元件的卡死、呆滞现象多由保管不当进入灰尘、产生水锈或调整不当等引起，可通过清洗、研磨、调整加以消除。

（4）安装各种阀时，应注意进油口与回油口的方位，某些阀如将进油口与回油口装反，会造成事故。

（5）安装前应检验压力表。这对以后的调整工作极为重要，可避免因仪表不准确而造成事故。

4．调试、运行

操作提示：

（1）调试之前要检查油管连接处是否紧固，若发现漏油或喷油，请立即按"停止"按钮后检查，否则会产生危险。

（2）泵启动前应检查油温。

（3）一般调整压力的阀件，顺时针方向旋转时，增加压力；逆时针方向旋转时，减少压力。

5．停机、维护

操作提示：

（1）停机断电后做好相应的清洁工作，将每个元件及油管都擦拭干净后再放入相应位置，之后再将试验台擦干净。

（2）液压油要定期检查、更换。

（3）使用中应注意过滤器的工作情况，滤芯应定期清理或更换。

知识拓展

数控车床、车削中心，是一种高精度、高效率的自动化机床；配备多工位刀塔或动力刀塔，机床就具有广泛的加工工艺性能，可加工直线圆柱、斜线圆柱、圆弧和各种螺纹、槽、蜗杆等复杂工件，具有直线插补、圆弧插补各种补偿功能，并在复杂零件的批量生产中发挥良好的经济效果。

"CNC"是英文 Computerized Numerical Control（计算机数字化控制）的缩写。数控机床是按照事先编制好的加工程序，自动地对被加工零件进行加工。我们把零件的加工工艺路线、工艺参数、刀具的运动轨迹、位移量、切削参数（主轴转数、进给量、背吃刀量等）以及辅助功能（换刀、主轴正转、反转、切削液开和关等），按照数控机床规定的指令代码及程序格式编写成加工程序单，再把该程序单中的内容记录在控制介质上（如穿孔纸带、磁带、磁盘、磁泡存储器），然后输入数控机床的数控装置中，从而指挥机床加工零件。

这种从零件图的分析到制成控制介质的全部过程叫数控程序的编制。数控机床与普通机床加工零件的区别在于数控机床是按照程序自动加工零件，而普通机床要由人来操作，我们只要改变控制机床动作的程序就可以达到加工不同零件的目的。因此，数控机床特别适用于加工小批量且形状复杂要求精度高的零件。

由于数控机床要按照程序来加工零件，编程人员编制好程序以后，输入数控装置中来指挥机床工作。程序的输入是通过控制介质来的。

数控（Numerical Control，NC）技术是指用数字、文字和符号组成的数字指令来实现一台或多台机械设备动作控制的技术。数控一般是采用通用或专用计算机实现数字程序控制，因此数控也称为计算机数控（Computerized Numerical Control，CNC）。它所控制的通常是位置、角度、速度等机械量和与机械能量流向有关的开关量。数控的产生依赖于数据载体和二进制形式数据运算的出现。19 世纪末，以纸为数据载体并具有辅助功能的控制系统被发明；1908 年，穿孔的金属薄片互换式数据载体问世；1938 年，香农在美国麻省理工学院进行了数据快速运算和传输，奠定了现代计算机，包括计算机数字控制系统的基础。数控技术是与机床控制密切结合发展起来的。1952 年，第一台数控机床问世，成为世界机械工业史上一件划时代的事件，推动了自动化的发展。

数控技术是采用计算机实现数字程序控制的技术。这种技术用计算机按事先存储的控制程序来执行对设备的运动轨迹和外设的操作时序逻辑控制功能。由于采用计算机替代原先用硬件逻辑电路组成的数控装置，使输入操作指令的存储、处理、运算、逻辑判断等各种控制机能的实现，均可通过计算机软件来完成，处理生成的微观指令传送给伺服驱动装置驱动电机或液压执行元件带动设备运行。

传统的机械加工都是用手工操作普通机床作业的，加工时用手摇动机械刀具切削金属，靠眼睛用卡尺等工具测量产品的精度。现代工业早已使用计算机数字化控制的机床进行作业，数控机床可以按照技术人员事先编好的程序自动对任何产品和零部件直接进行加工。数控加工广泛应用在所有机械加工的任何领域，更是模具加工的发展趋势和重要的技术手段。

数控车床又称为 CNC 车床，即计算机数字控制车床，是目前国内使用量最大、覆盖面最广的一种数控机床，约占数控机床总数的 25%。数控机床是集机械、电气、液压、气动、微电子和信息等多项技术为一体的机电一体化产品；是机械制造设备中具有高精度、高效率、高自动化和高柔性化等优点的工作母机，如图 6-6 所示。数控机床的技术水平高低及其在金属切削加工机床产量和总拥有量的百分比是衡量一个国家国民经济发展和工业制造整体水平的重要标志之一。数控车床是数控机床的主要品种之一，它在数控机床中占有非常重要的位置，几十年来一直受到世界各国的普遍重视并得到了迅速的发展。

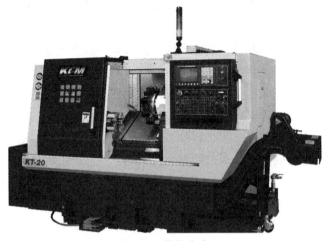

图 6-6　数控车床

🔧巩固练习

一、填　空

1. 减压阀在液压系统中的主要作用：（　　　）系统某一支路油路的压力，使同一系统有两个或多个工作压力，以满足执行机构的需要。

2. 当液压系统中某一分支油路压力要求低于主油压力时，应在该油路中安装（　　　）。

3. 减压阀（　　　）接在所需要的液压支路中。

4. 减压阀的初始状态下，进出油口（　　　）。

5. 减压回路的功用是从调好压力的液压源处（　　　）的恒定工作压力。

二、判　断

1. 减压阀中的减压缝隙越小，其减压作用越弱。　　　　　　　　　　　（　　　）

2. 减压阀与溢流阀一样，出油口压力等于零。　　　　　　　　　　　　（　　　）

3. 减压阀的出油口压力低于进油口压力。　　　　　　　　　　　　　　（　　　）

4. 减压阀的泄油方式是内泄。　　　　　　　　　　　　　　　　　　　（　　　）

5. 减压阀可以降低主系统油路的压力。　　　　　　　　　　　　　　　（　　　）

三、问　答

1. 溢流阀与减压阀有何不同？

2. 如果铭牌标记已不清楚，应如何根据结构特点将溢流阀与减压阀加以区别？

3. 减压阀的工作原理是什么？

4. 假设有个车床需要加工两种不同材质的工件，试设计一回路可以满足两种不同材质所需要的夹紧力（减压阀的调定压力可自定）。

项目七 钻 床

项目描述

　　液压钻床，对不同材料的工件进行钻孔加工，如图 7-1 所示。工件的夹紧和钻头的升降由两个双作用液压缸驱动，这两个液压缸由一个液压泵来供油。由于工件的材料不同，加工所需的夹紧力也不同，所以工作时夹紧缸的夹紧力必须能调节并稳定在不同的压力值，同时为了安全，进给缸必须在夹紧缸力达到规定值时才能推动钻头进给。通过分析钻床的工作原理，试构建其液压控制回路。

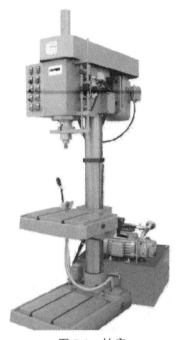

图 7-1 钻床

教学目标

1. 能力目标

培养学生具有制订、实施工作计划的能力。

2. 知识目标

（1）掌握顺序阀的工作原理、图形符号及特点。

（2）掌握顺序阀控制的多缸顺序动作控制回路的工作原理。

（3）了解控制多缸顺序动作控制回路的其他方法。

3. 素质目标

培养认真负责的工作态度。

项目分析

观察与思考：想要夹紧缸动作之后再让钻头开始运动，应采用什么元件来实现呢？

问题探究

任务一　探究顺序阀及顺序动作回路

一、顺序阀的作用

顺序阀的功用是通过油液压力的作用来控制阀芯启闭，实现油路通、断，以便完成液压缸的顺序动作。常态下顺序阀的阀口常闭，一般接在油路中，当系统压力低于顺序阀的调定压力时，顺序阀不工作。当外负载增大，系统压力升高到顺序阀的开启压力时，顺序阀打开，只要顺序阀工作后，它的进出油口压力可以随着系统压力的升高而继续升高。

二、顺序阀的分类

顺序阀有直动式和先导式之分，根据控制油来源不同有内控式和外控式两种。

三、顺序阀的工作原理

直动式顺序阀的结构和图形符号如图 7-2 所示。压力油从进油口 P_1 进入，经阀体上的阻尼孔 a 和端盖上的孔道流到控制活塞底部，当作用在控制活塞上的液压力能克服阀芯上的弹簧力时，阀芯上移使阀口打开，油液便从 P_2 流出。调节弹簧压缩量，便可控制阀进口的开启压力，该阀称为内控式顺序阀。若将图 7-2（b）中的阀盖旋转 90°安装，切断进油口通向控制活塞下腔的通道，并去除外控口的螺塞，引入控制油，便成为外控式顺序阀。此外，顺序阀进出油口均是压力油，所以需采用外泄方式卸掉弹簧腔的油液，以便阀芯启闭工作可靠。

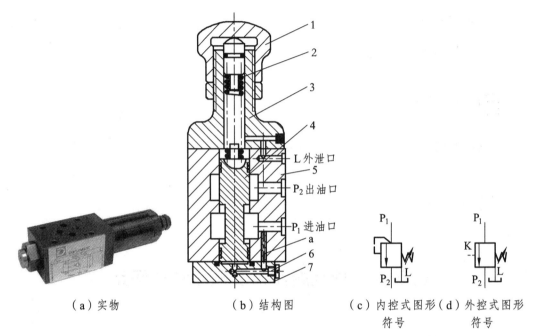

（a）实物　　　　　　（b）结构图　　　　（c）内控式图形（d）外控式图形
　　　　　　　　　　　　　　　　　　　　　　符号　　　　　符号

图 7-2　直动式顺序阀及图形符号
1—调节螺母；2—弹簧；3—上阀盖；4—阀芯；5—阀体；6—螺塞；7—阀盖

四、用顺序阀组成的顺序动作回路

顺序阀控制的顺序动作回路如图 7-3 所示，当电磁铁失电换向阀左位工作时，顺序阀 4 的调定压力大于液压缸 A 右行的最大工作压力，此时，压力油先进入缸 A 的左腔，使缸 A 右行完成动作①。其进油路为液压泵 1→换向阀 2 左位→A 缸左腔；回油路为 A 缸右腔→单向顺序阀 3 中的单向阀→换向阀 2 左位→油箱。当缸 1 完成动作①后，系统中压力升高，打开顺序阀 4，使缸 B 右行完成动作②。其进油路为液压泵 1→换向阀 2 左位→单向顺序阀 4 中的顺序阀→B 缸左腔；回油路为 B 缸右腔→换向阀 2 左位→油箱。当电磁铁失电换向阀右位工作时，顺序阀 3 的调定压力大于缸 2 的最大返回工作压力时，缸 2 先退回，完成动作③。其进油路为液压泵 1→换向阀 2 右位→B 缸右腔；回油路为 B 缸左腔→单向顺序阀 4 中的单向阀→换向阀右位→油箱。缸 B 完成动作③后，系统中压力升高，打开顺序阀 3，缸 A 完成动作④。其进油路为液压泵 1→换向阀 2 右位→单向顺序阀 3 中的顺序阀→A 缸右腔；回油路为 A 缸左腔→换向阀 2 右位→油箱。

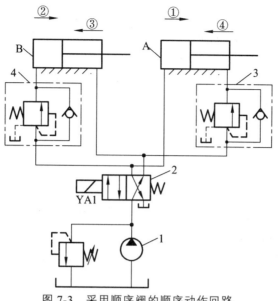

图 7-3 采用顺序阀的顺序动作回路

1—液压泵；2—换向阀；3，4—顺序阀

📖小知识

为保证严格的顺序动作，防止顺序阀在油路压力波动等外界干扰下产生错误动作，顺序阀的调整压力必须高于先动作缸的最大工作压力 0.8 ~ 1 MPa。

想一想：除了利用顺序阀来实现顺序动作以外，还有没有其他的方法呢？

如图 7-4 所示，按下启动按钮使 YA1 通电，其进油路为液压泵 1→换向阀 2 左位

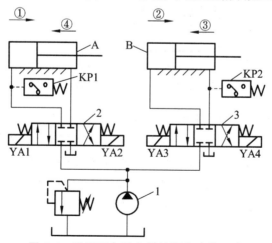

图 7-4 采用压力继电器的顺序动作回路

1—液压泵；2，3—换向阀；A，B—液压缸；KPI，KP2—压力继电器

→A 缸左腔；回油路为 A 缸右腔→换向阀 2 左位→油箱。当动作①到达终止后，系统压力升高，压力继电器 KP1 动作，使电磁铁 YA3 通电，使换向阀 3 左位接入系统工作，实现动作②。其进油路为液压泵 1→换向阀 3 左位→B 缸左腔；回油路为 B 缸右腔→换向阀 3 左位→油箱。换向返回时，按返回按钮，使 YA1、YA3 断电，YA4 通电，换向阀 3 右位接入工作，此时可实现动作③。当动作③到达终止后，系统压力升高，压力继电器 KP2 动作，发出电信号，使 YA2 通电，换向阀 2 右位接入工作以实现动作④。

如图 7-5 所示，按下启动按钮使 YA1 通电，换向阀 2 左位接入工作，油液进入 A 缸左腔，活塞右移以实现动作①，当触碰行程开关 SQ1 后则使 YA3 通电，换向阀 3 左位接入工作，油液进入 B 缸左腔，活塞右移，实现动作②。当动作②触动行程开关 SQ2 后，使 YA1 断电，YA2 通电，换向阀 2 右位接入工作，A 缸换向阀实现动作③。当动作③触动行程开关 SQ3 后，YA3 断电，YA4 通电，换向阀 3 右位接入工作，B 缸换向实现动作④。

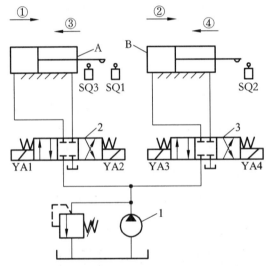

图 7-5　采用行程开关控制的顺序动作回路

1—液压泵；2，3—换向阀；A，B—液压缸；SQ1，SQ2，SQ3—行程开关

如图 7-6 所示，按动按扭使换向阀 2 的 YA1 通电，左位接入系统工作，油液进入 A 缸左腔，活塞右移实现动作①。当 A 缸活塞杆上挡铁压下行程阀 3 的触头，使其上位接入系统工作后，油液进入 B 缸左腔，活塞右移，实现动作②。按动按钮使 YA1 断电，换向阀 2 右位接入工作，A 缸换向，活塞左移，实现动作③。当 A 缸活塞杆挡铁脱开后，行程阀触头弹起，使其下位接入系统工作，油液进入 B 缸右腔，活塞左移，实现动作④。

这种控制方式，特别适用于液压缸较多，顺序要求又比较严格的场合。

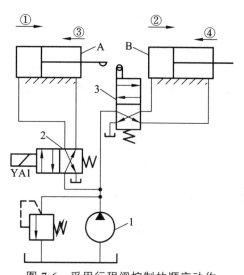

图 7-6　采用行程阀控制的顺序动作

1—液压泵；2—二位四通电磁换向阀；3—二位四通机动换向阀

问一问：上述几种顺序动作回路，哪种方法能实现 A、B 缸动作顺序的互换，又是如何实现的呢？

任务二　钻床油路结构分析

本任务夹紧缸的工作压力应根据工件的不同进行调节，而且为了避免夹紧力过大导致夹坏工件，要求夹紧缸的工作压力要低于进给缸的工作压力，这就需要对夹紧支路进行减压。此外，系统还要求夹紧力到规定值才能开始动作，即需要检测夹紧缸的压力，把夹紧缸的压力作为控制进给缸动作的信号，要实现这些要求，需要采用减压回路和顺序动作回路共同来完成。

如图 7-7 所示，缸 7 是夹紧缸，缸 8 是钻孔缸，手动换向阀 3 左位工作时，油液经减压阀 7 进入夹紧缸 7 的左腔，活塞向右运动将工件夹紧，系统压力逐渐升高，当高于顺序阀 6 的调定值时，阀 6 打开，油液进入钻孔缸的上腔，开始给工件钻孔。手动换向阀 3 右位工作时，油液先进入钻孔缸的下腔，活塞杆缩回，退出钻孔，系统压力逐渐升高，当高于顺序阀 5 的调定值时，夹紧缸右腔进油，松开工件。

实践操作

1. 仔细阅读钻床液压系统图（见图 7-7）

读图提示：

（1）阅读程序框图。通过阅读程序框图大体了解液压回路的概况和动作顺序及要求等。

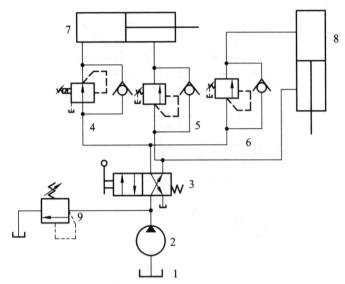

图 7-7　钻床液压系统图

1—油箱；2—液压泵；3—二位四通手动换向阀；4—单向减压阀；
5，6—单向顺序阀；7，8—液压缸；9—溢流阀

（2）液压回路图中表示的位置（包括各种阀、执行元件的状态等）均为停机时的状态。因此，要正确判断各行程发信元件此时所处的状态。

（3）在回路图中，线条不代表管路的实际走向，只代表元件与元件之间的联系与制约关系。

2. 准备所需的元件（见表 7-1）

表 7-1　所需元件

元件名称	元件图片	数　量
液压泵		1
双作用单杆液压缸		2
二位四通手动换向阀		1

元件名称	元件图片	数　量
油箱		1
油管及其管接头		若干
溢流阀		1
先导式减压阀		1
压力表		1
单向顺序阀		2

准备提示：对照安装明细表准备好各个元件并仔细检查，必须确保型号一致、性能合格、调整机构灵活、显示灵敏准确。如果发现问题，要及时处理，决不可将就使用。

3. 安装元件并连接钻床液压回路（见图 7-8）

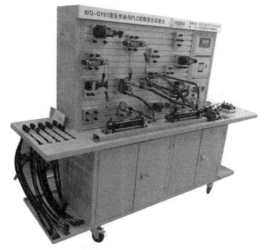

图 7-8　连接元件

操作提示：

（1）油管布置平直整齐，减少长度和转弯。这样既美观，又能使检修方便，也减少了沿程压力损失和局部压力损失。对于较复杂的油路系统，还可避免检修拆卸后重装时接错。

（2）安装泵和阀时，必须注意：各油口的方位，按照上面的标记对应安装。接头处要紧固、密封，无漏油、漏气。尤其是板式元件，要注意进出油口处的密封圈，决不可缺失、脱落或错位。

（3）安装前要检查各阀、泵的转动或移动，应灵活无卡死、呆滞等情况。一般元件的卡死、呆滞现象多由保管不当进入灰尘、产生水锈或调整不当等引起，可通过清洗、研磨、调整加以消除。

（4）安装各种阀时，应注意进油口与回油口的方位，某些阀如将进油口与回油口装反，会造成事故。

（5）安装前应检验压力表。这对以后的调整工作极为重要，可避免因仪表不准确而造成事故。

4．调试、运行

操作提示：

（1）调试之前要检查油管连接处是否紧固，若发现漏油或喷油，请立即按"停止"按钮后检查，否则会产生危险。

（2）泵启动前应检查油温。

（3）一般调整压力的阀件，顺时针方向旋转时，增加压力；逆时针方向旋转时，减少压力。

（4）操作手柄时切勿用力过猛，以免损坏弹簧。

（5）顺序阀的调定值不能过低，也不能高于系统压力值。

5．停机、维护

操作提示：

（1）停机断电后做好相应的清洁工作，将每个元件及油管都擦拭干净后再放入相应位置，之后再将试验台擦干净。

（2）液压油要定期检查、更换。

（3）使用中应注意过滤器的工作情况，滤芯应定期清理或更换。

知识拓展

1．钻床简介

钻床指主要用钻头在工件上加工孔的机床。通常钻头旋转为主运动，钻头轴向移动为进给运动。钻床结构简单，加工精度相对较低，可钻通孔、盲孔，更换特殊刀具，可扩孔、锪孔、铰孔或进行攻丝等加工。加工过程中工件不动，让刀具移动，将刀具中心对正孔中心，并使刀具转动（运动）。钻床的特点是工件固定不动，刀具做旋转运动，并沿主轴方向进给，操作可以是手动，也可以是机动。

钻床是机械制造和各种修配工厂必不可少的设备。根据用途和结构主要分为以下几类：

（1）立式钻床：工作台和主轴箱可以在立柱上垂直移动，用于加工中小型工件，如图 7-9 所示。

（2）台式钻床：简称台钻，一种小型立式钻床，最大钻孔直径为 12～15 mm，安装在钳工台上使用，多为手动进钻，常用来加工小型工件的小孔等，如图 7-10 所示。

图 7-9　立式钻床

图 7-10　台式钻床

（3）摇臂式钻床：主轴箱能在摇臂上移动，摇臂能回转和升降，工件固定不动，适用于加工大而重和多孔的工件，广泛应用于机械制造中。

（4）深孔钻床：用深孔钻钻削深度比直径大得多的孔（如枪管、炮筒和机床主轴等零件的深孔）的专门化机床，为便于排除切屑及避免机床过于高大，一般为卧式布局，常备有冷却液立式钻床输送装置（由刀具内部输入冷却液至切削部位）及周期退刀排屑装置等。

（5）铣钻床：工作台可纵横向移动，钻轴垂直布置，能进行铣削的钻床。

（6）卧式钻床：主轴水平布置，主轴箱可垂直移动的钻床。一般比立式钻床加工效率高，可多面同时加工。

2．压力继电器

压力继电器是利用液体压力来启闭电气触点的液电信号转换元件。当系统压力达到压力继电器的调定压力时，压力继电器发出信号，控制电气元件（如电动机、电磁铁、电磁离合器、继电器等）动作，实现泵的加载和卸荷、执行元件的顺序动作、系统的安全保护和联锁等。

压力继电器由两部分组成。第一部分是压力-位移转换器，第二部分是电气微动开关。按压力-位移转换器的结构将压力继电器分类，有柱塞式、弹簧管式、膜片式和波纹管式四种，其中以柱塞式最为常用。若按微动开关将压力继电器分类，有单触点式和双触点式，其中以单触点式应用最多。

柱塞式压力继电器的工作原理如图 7-11 所示。当系统的压力达到压力继电器的调定压力时，作用于柱塞 1 上的液压力克服弹簧力，顶杆 2 上移，使微动开关 4 的触头闭合，发出相应的电信号。调节螺帽 3 可调节弹簧的预压缩量，从而可改变压力继电器的调定压力。

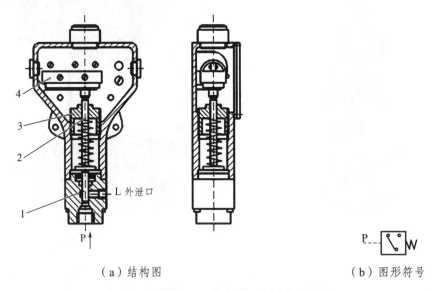

（a）结构图　　　　　　　　　　（b）图形符号

图 7-11　柱塞式压力继电器
1—柱塞；2—顶杆；3—调节螺帽；4—微动开关

此种柱塞式压力继电器适用于高压系统；因位移较大，反应较慢，不宜用在低压系统。

🏋 巩固练习

一、填　空

1. 顺序阀在液压系统中的作用主要是利用液压系统中的压力变化来控制油路的阀

口启闭，从而实现某些液压元件按一定的（　　　）动作。

2. 使用顺序阀可以实现几个液压缸按预定的（　　　）动作。

3. 为保证顺序阀动作的可靠有序，顺序阀调压值应比先动作液压缸所需的最大压力调高（　　　）MPa。

4. 顺序阀工作时的出口压力等于（　　　）。

5. 用压力继电器控制的顺序动作回路，在其回路中的调整压力应比先动作的液压缸最高工作压力高（　　　），但应比溢流阀的调压值低。

二、判　断

1. 顺序阀打开后，其进油的油液压力可允许持续升高。　　　　　　　（　　　）

2. 凡液压系统中有顺序阀，则必定有顺序动作回路。　　　　　　　　（　　　）

3. 顺序阀串联在油路中。　　　　　　　　　　　　　　　　　　　　（　　　）

4. 顺序阀和溢流阀可以互换使用。　　　　　　　　　　　　　　　　（　　　）

5. 顺序阀作卸荷阀用时并联，不控制系统的压力，只利用系统的压力变化控制油路的通断。　　　　　　　　　　　　　　　　　　　　　　　　　　（　　　）

三、问　答

1. 顺序阀的工作原理是什么？

2. 溢流阀、减压阀、顺序阀（内控外泄式）三者之间的异同点是什么？

3. 简述图 7-12 中液压缸 A 及液压缸 B 实现顺序动作的过程。

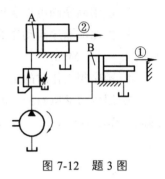

图 7-12　题 3 图

4. 请按图 7-13 中标注的顺序动作，描述 1 缸和 2 缸的动作过程。试分析可否改变 1 缸和 2 缸的动作顺序，如能改变，动作过程又如何呢？

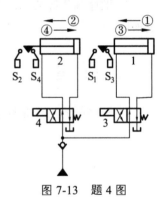

图 7-13　题 4 图

项目八　数控车床尾座套筒

项目描述

数控车床的尾座是在加工轴类零件时，使用其顶尖顶紧工件，保证加工的稳定性，如图 8-1 所示。尾座的运动包括尾座体的移动和尾座套筒的移动。

尾座体的移动有两个作用：一个作用是在加工轴类零件时，将尾座调整到使用位置；另一个作用是在加工短轴和盘类零件时，将尾座调至非干涉位置。

图 8-1　数控车床

教学目标

1. 能力目标

具有理论知识的实际应用能力。

2. 知识目标

（1）掌握流量控制阀的作用、种类及工作原理。

（2）掌握节流阀与调速阀的区别。

（3）掌握三种节流调速回路的工作原理及应用场合。

3. 素质目标

培养吃苦耐劳、适应多变的能力。

项目分析

观察与思考：尾座套筒的移动是为了使顶尖顶紧或松开工件的，通常是由液压缸控制的。那么是用哪些元件和什么回路实现的呢？

问题探究

任务一　探究流量控制阀及速度控制回路

一、流量控制阀的定义

流量控制阀是通过改变阀口通流面积的大小来控制流量，从而达到调节执行元件的运动速度。

二、流量控制阀的分类

常用的流量控制阀有节流阀、调速阀等。

三、节流阀与单向节流阀

1. 节流阀的工作原理

节流阀是通过改变阀口（节流口）通流断面面积的大小来控制通过阀的流量，如图 8-2 所示。节流阀结构简单、制造容易、体积小，但负载和温度变化对流量稳定性的影响大。

（a）实物

（b）图形符号

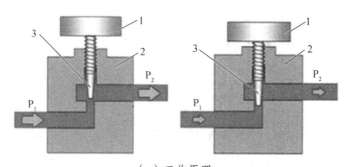

（c）工作原理

图 8-2　节流阀

1—调节手轮；2—阀体；3—阀芯

调节手轮可使阀芯轴向移动，以改变节流口的通流截面面积，从而达到调节流量的目的。

2. 单向节流阀的工作原理

单向节流阀就是把一个单向阀和一个节流阀并联，使之起到单方向节流的作用，如图 8-3 所示。

（a）实物

（b）图形符号

图 8-3　单向节流阀

四、调速阀

调速阀是由定差减压阀 1 和节流阀 2 串联而成的，定差减压阀用来保持节流阀前后的压差不变，节流阀用来调节通过阀的流量，从而保证调速阀的流量稳定。其工作原理及图形符号如图 8-4 所示。设减压阀的进口压力为 p_1，出口压力为 p_2，通过节流阀后降为 p_3。当负载 F 变化时，出口压力 p_3 随之变化，则调速阀进出口压差 p_1-p_3 也随之变化，但节流阀两端压差 p_2-p_3 却保持不变，从而保证通过的流量稳定。例如，当 F 增大时，p_3 增大，减压阀芯弹簧腔油液压力增大，阀芯下移，阀口开度 x 加大，使 p_2 增加，结果 p_2-p_3 保持不变，保证通过的流量稳定，反之亦然。

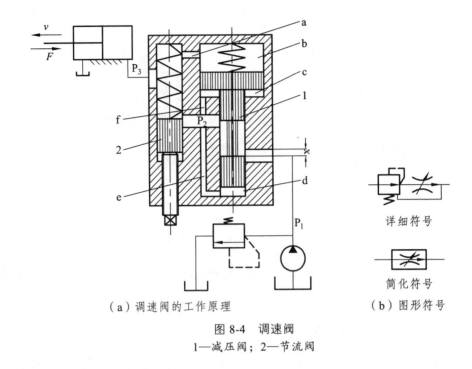

（a）调速阀的工作原理 　　　　　　　　（b）图形符号

图 8-4　调速阀
1—减压阀；2—节流阀

五、节流阀与调速阀的对比

由式 $q = KA\Delta p^{m}$ 可知，通过节流阀的流量与节流口形状、前后的压差及流态等因素密切相关。当节流阀的通流截面调定后，由于负载的变化，节流阀前后的压差也发生变化，使流量不稳定。m 值越大，流量 q 受压差 Δp 的影响就越大，因此节流口制成薄壁孔（$m = 0.5$）比制成细长孔（$m = 1$）更好。此外，油温变化会引起黏度变化，导致流量系数 K 发生变化，从而引起流量变化。其中，细长孔的流量受油温影响比较大，因此节流阀调速会受负载的变化而变化。

而调速阀两端的压差基本保持不变，所以调速阀调速不会受负载的变化而变化。

六、调速回路

📖**小知识点**

速度控制回路是指用来控制执行元件运动速度的回路，分为调速回路和速度控制回路。

调速回路主要分为两种：节流调速回路和容积调速回路。

节流调速回路是利用流量阀控制流入或流出液压执行元件的流量来实现对执行元件速度的调节。根据流量阀在回路中的位置不同，节流调速回路可分为进口节流调速、出口节流调速和旁路节流调速三种基本回路。

1. 进口节流调速回路

进口节流调速回路是把流量阀安装在液压缸进口油路上，调节流量阀阀口的大小，便可以控制进入液压缸的流量，从而达到调速的目的，如图 8-5 所示。其结构简单、使用方便。温度升高后的油液直接进入液压缸，对执行元件的运动速度造成一定影响，回油路上无背压力。这种调速回路只适用于轻负荷或负荷变化不大及速度不高的场合。

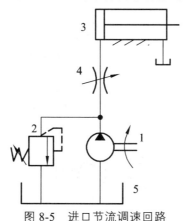

图 8-5 进口节流调速回路

1—液压泵；2—溢流阀；3—液压缸；4—节流阀；5—油箱

2. 出口节流调速回路

出口节流调速回路是把流量阀安装在液压缸出口油路上，调节流量阀阀口的大小，便可以控制流出液压缸的流量，也就是控制了进入液压缸的流量，从而达到调速的目的，如图 8-6 所示。温度升高后的油液直接流回油箱，便于散热，回油路上有背压力，可以对执行元件起到缓冲作用。这种调速回路适用于功率不大、但载荷变化较大、运动平稳性要求较高的液压系统中。

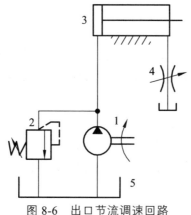

图 8-6 出口节流调速回路

1—液压泵；2—溢流阀；3—液压缸；4—节流阀；5—油箱

3. 旁路节流调速回路

旁路节流调速回路是把流量阀安装在与执行元件并联的支路上，用流量阀调节流回油箱的流量，从而调节进入液压缸的流量，以达到节流调速的目的，如图 8-7 所示。从流量控制阀流过的流量大，则进入液压缸的流量就小，执行元件的运动速度反而慢，在低速时承载能力低，调速范围小。旁路节流调速回路适用于负荷变化小、对运动平稳性要求不高的高速、大功率的场合。

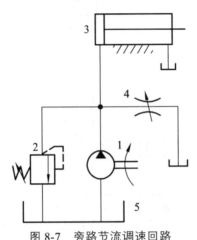

图 8-7　旁路节流调速回路
1—液压泵；2—溢流阀；3—液压缸；4—节流阀；5—油箱

任务二　方案确定

因尾座套筒顶紧工件时压力不能很大，可以用减压阀来调节。又因套筒伸出顶紧工件过程中运动速度要慢要稳，因此选用调速阀，否则速度太快容易损坏工件。当套筒缩回时，为了节省时间，不需要调速，综上分析选用单向调速阀，只需调节套筒伸出时的速度即可。

如图 8-8 所示，尾座套筒伸出与退回的控制回路由电磁阀 4、减压阀 3、调速阀 5 组成。减压阀 3 将系统压力降为尾座套筒顶紧所需的压力。单向调速阀 5 用于在尾座套筒伸出时实现回油节流调速控制伸出的速度。当 YA1 通电时，套筒伸出。当 YA2 通电时，套筒退回。

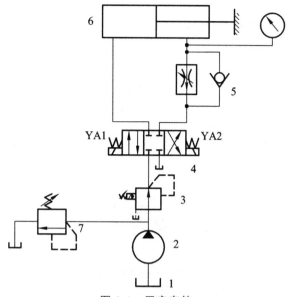

图 8-8　尾座套筒

1—油箱；2—液压泵；3—减压阀；4—三位四通电磁换向阀；
5—单向调速阀；6—液压缸；7—溢流阀

实践操作

1. 仔细阅读尾座套筒液压系统图（见图 8-8）

读图提示：

（1）阅读程序框图。通过阅读程序框图大体了解液压回路的概况和动作顺序及要求等。

（2）液压回路图中表示的位置（包括各种阀、执行元件的状态等）均为停机时的状态。因此，要正确判断各行程发信元件此时所处的状态。

（3）在回路图中，线条不代表管路的实际走向，只代表元件与元件之间的联系与制约关系。

2. 准备所需的元件（见表 8-1）

表 8-1　所需元件

元件名称	元件图片	数　　量
液压泵		1
双作用单杆液压缸（活塞杆固定）		1

元件名称	元件图片	数 量
三位四通电磁换向阀		1
油箱		1
油管及其管接头		若干
溢流阀		1
减压阀		1
压力表		1
单向调速阀		2

准备提示：对照安装明细表准备好各个元件并仔细检查，必须确保型号一致、性能合格、调整机构灵活、显示灵敏准确。如果发现问题，要及时处理，决不可将就使用。

3. 安装元件并连接尾座套筒液压回路（见图 8-9）

操作提示：

（1）油管布置平直整齐，减少长度和转弯。这样既美观，又能使检修方便，也减少了沿程压力损失和局部压力损失。对于较复杂的油路系统，还可避免检修拆卸后重装时接错。

（2）安装泵和阀时，必须注意：各油口的方位，按照上面的标记对应安装。接头处要紧固、密封，无漏油、漏气。尤其是板式元件，要注意进出油口处的密封圈，决不可缺失、脱落或错位。

图 8-9　连接元件

（3）安装前要检查各阀、泵的转动或移动，应灵活无卡死、呆滞等情况。一般元件的卡死、呆滞现象多由保管不当进入灰尘、产生水锈或调整不当等引起，可通过清洗、研磨、调整加以消除。

（4）安装各种阀时，应注意进油口与回油口的方位，某些阀如将进油口与回油口装反，会造成事故。

（5）安装前应检验压力表。这对以后的调整工作极为重要，可避免因仪表不准确而造成事故。

4. 调试、运行

操作提示：

（1）调试之前要检查油管连接处是否紧固，若发现漏油或喷油，请立即按"停止"按钮后检查，否则会产生危险。

（2）泵启动前应检查油温。

（3）一般调整压力和流量的阀件，顺时针方向旋转时，增加压力或流量；逆时针方向旋转时，减少压力或流量。

（4）对于双电磁铁的换向阀要注意两个电磁铁只能有一个通电，两个电磁铁不能同时得电，以免对电磁铁造成损害。

5. 停机、维护

操作提示：

（1）停机断电后做好相应的清洁工作，将每个元件及油管都擦拭干净后再放入相应位置，之后再将试验台擦干净。

（2）液压油要定期检查、更换。

（3）使用中应注意过滤器的工作情况，滤芯应定期清理或更换。

![知识拓展]

节流调速回路由于存在着节流损失和溢流损失，回路效率低、发热量大，只适用于小功率调速系统。在大功率调速系统中，多采用回路效率高的容积式调速回路。

容积调速回路分为开式回路和闭式回路两种。在开式回路中，泵从油箱吸油后向执行元件供油，执行元件的回油仍返回油箱。这种回路的优点是，油液在油箱中能得到充分冷却，并便于在油箱中沉淀杂质和析出气体，但缺点是油箱尺寸较大，空气和脏物易进入回路，影响其正常工作。在闭式回路中，执行元件的回油直接与泵的吸油腔相连，油气隔绝，空气和脏物不易进入回路，且结构紧凑，但由于进油腔和回油腔的面积不等会产生流量差，且油液的散热条件差，因此，一般需设置补油的辅助泵、冷却器等。

在容积调速回路中，液压泵输出的液压油全部直接进入液压缸或液压马达，故无溢流和节流损失，且液压泵的工作压力随负载的变化而变化，因此这种回路效率高，发热量小，多用于工程机械、矿上机械、农业机械和大型机床等大功率液压系统。

按照液压泵和液压马达（或液压缸）的组合形式，容积调速回路可分为三种基本形式：变量泵-定量马达（或液压缸）组成的容积调速回路；变量泵-变量马达组成的容积调速回路；定量泵-变量马达组成的容积调速回路。

（1）如图 8-10 所示为变量泵-液压缸组成的开式容积调速回路。该回路由变量泵 1、溢流阀 2 和液压缸组成。由于变量泵泄漏较大，且随压力直线上升，因而该调速方法速度负载特性较差，且低速承载能力较差。这种回路多用在推土机、升降机、插床、拉床等大功率系统中。

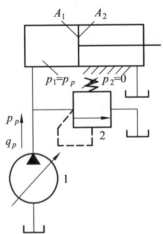

图 8-10　变量泵-液压缸组成的开式容积调速回路
1—变量泵；2—溢流阀

（2）如图 8-11 所示为变量泵-定量马达组成的闭式容积调速回路。

这种回路是通过改变变量泵的输出流量来实现调速的。工作时溢流阀 5 关闭，起安全阀作用，并且回路最大工作压力由安全阀调定，辅助泵 1 持续补油以保持变量泵的吸油口有一较低的压力且由溢流阀 2 调定，这样可以避免空气侵入和产生气穴现象，改善泵的吸油性能。辅助泵 1 的流量为变量泵最大输出流量的 10% ~ 15%。这种调速回路的特点是效率较高，输出转矩为恒定值，调速范围较大，但价格较贵，元件泄漏对速度有很大影响，可应用于小型内燃机车、液压起重机、船用绞车等有关装置中。

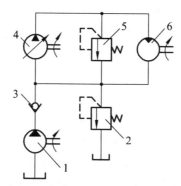

图 8-11　变量泵-定量马达组成的闭式容积调速回路
1—辅助泵；2，5—溢流阀；3—单向阀；4—变量泵；6—定量马达

（3）如图 8-12 所示为定量泵-变量马达组成的容积调速回路。

由于泵 4 的输出流量为定值，故调节变量马达 6 的排量，便可对马达的转速进行调节。该回路效率高，输出功率为恒值。但调速范围小，过小地调节马达的排量，输出转矩 T 将降至很小，以致带不动负载，造成马达自锁，故这种调速回路很少单独使用。

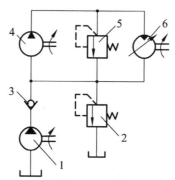

图 8-12　定量泵-变量马达组成的容积调速回路
1—辅助泵；2，5—溢流阀；3—单向阀；4—定量泵；6—变量马达

巩固练习

一、填　空

1. 流量控制阀在液压系统中的作用是控制液压系统中液体的（　　　）。

2. 流量阀是通过改变节流口大小来调节通过阀口的（　　　），从而控制执行元件（　　　）的控制阀。

3. 流量控制阀是通过改变节流口的开口大小来调节通过阀口的流量，从而改变执行元件的（　　　）。

4. 进油或回油节流调速回路的速度稳定性均较差，为减小和避免速度随负载变化而波动，通常在回路中用（　　　）来替代节流阀。

5. 进油节流调速回路一般应用于功率较小、（　　　）的液压系统中。

二、判　断

1. 调速阀适用于速度稳定性要求高的场合。　　　　　　　　　　（　　　）
2. 节流阀是通过改变节流口的通流面积来调节油液流量大小的。　（　　　）
3. 使用可调节流阀进行调速时，执行元件的运动速度不受负载变化的影响。（　　　）
4. 进油节流调速回路与回油节流调速回路具有相同的调速特点。　（　　　）
5. 容积调速回路效率高，适用于功率较大的液压系统中。　　　　（　　　）

三、问　答

1. 单向节流阀和节流阀的区别是什么？

2. 节流阀与调速阀哪个调速稳定性好？并分析原因。

3. 简述三种节流调速回路的名称及各自的优缺点，并画出各回路图。

4. 结合实例想想身边的实物，还有哪些设备用到了节流调速回路？

项目九　组合机床动力滑台

项目描述

组合机床广泛应用于大批量生产的机械加工流水线中。它能完成钻、镗、铣、刮端面、倒角、攻螺纹等加工和工件的转位、定位、夹紧、输送等动作。

YT4543 型液压动力滑台是应用在组合机床中的一种典型的液压动力滑台，它能完成组合机床的进给运动。

教学目标

1. 能力目标

具备良好的沟通能力和评价他人的能力。

2. 知识目标

（1）掌握速度换接回路的作用及应用。
（2）掌握实现"快进→工进→快退"工作循环的方法及工作原理。
（3）掌握"快进→工进 1→工进 2→快退"工作循环的方法及工作原理。

3. 素质目标

培养学生节约并保护环境的意识。

项目分析

观察与思考：YT4543 型液压动力滑台（见图 9-1）由液压缸驱动，在电气和机械装置的配合下实现工作循环：快进→工进→二工进→止挡块停留→快退→原位停止。液压动力滑台的液压传动系统是怎样实现这些运动的呢？

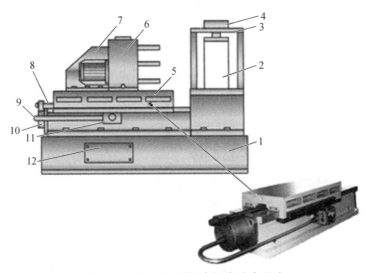

图 9-1 YT4543 型组合机床动力滑台

1—床身；2—被加工工件；3—夹具；4，10—液压缸；5—液压动力滑台；6—主轴箱；
7—动力箱；8—回油管；9—进油管；11—调速阀；12—电气箱

问题探究

任务一 探究速度换接回路

速度换接回路是指有些工作机构要求在一个行程的不同阶段具有不同的运动速度，这时就必须采用换速回路。换速回路的作用就是将一种运动速度转变为另一种运动速度。例如，金属切削机床在开始切削前要求刀具与工件快速趋近，开始切削后又要求刀具相对于工件做慢速工作进给运动，这就需要把快速运动转换成慢速运动；另外，有时随着加工性质的不同，要求从一种进给速度换接成另一种进给速度，这就是两种不同工作速度的换接。

一、快速转换成慢速的换接回路

快速转换成慢速的换接回路如图 9-2 所示，其工作原理如下：

快速工作过程：进油路液压泵→换向阀 2 的左位→液压缸的左腔。

回油路：液压缸的右腔→行程阀 4 下位→换向阀左位→油箱。因油液没有受到任何阻力，快速向右运动。

慢速工作过程：当活塞杆向右运动触碰挡铁时行程阀换向，行程阀上位工作，此油路将不通油。

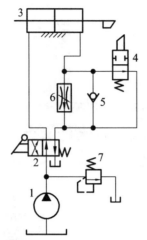

图 9-2　快→慢速换接回路

1—液压泵；2—换向阀；3—液压缸；4—行程阀；5—单向阀；6—调速阀；7—溢流阀

进油路：液压泵→换向阀 2 的左位→液压缸的左腔。

回油路：液压缸的右腔→调速阀 6→换向阀左位→油箱。

快速退回工作过程进油路：液压泵→换向阀右位→单向阀 5→液压缸右腔。

回油路：液压缸的左腔→换向阀右位→油箱。

二、两种工作进给速度的换接回路（二次进给回路）

图 9-3 所示为调速阀串联的二次进给回路。

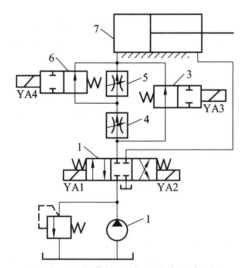

图 9-3　二次进给回路（调速阀串联）

1—液压泵；2, 3, 6—换向阀；4, 5—调速阀；7—液压缸

活塞向右快进时，YA1 通电，YA2、YA3、YA4 均断电，其油路情况如下：

进油路：液压泵 1→换向阀 2 左位→换向阀 3 左位→液压缸 7 左腔。

回油路：液压缸 7 右腔→换向阀 2 左位→油箱。

活塞向右一次工进时，YA1 和 YA3 通电，YA2 和 YA4 断电，其油路情况如下：

进油路：液压泵 1→换向阀 2 左位→调速阀 4→换向阀 6 右位→液压缸 7 左腔。

回油路：液压缸 7 右腔→换向阀 2 左位→油箱。

活塞向右二次工进时，YA1、YA3、YA4 都通电，YA2 断电，其油路情况如下：

进油路：液压泵 1→换向阀 2 左位→调速阀 4→调速阀 5→液压缸 7 左腔。

回油路：液压缸 7 右腔→换向阀 2 左位→油箱。

活塞向左快退时，YA1、YA3、YA4 都断电，YA2 通电，其油路情况如下：

进油路：液压泵 1→换向阀 2 右位→液压缸 7 右腔。

回油路：液压缸 7 左腔→换向阀 3 左位→换向阀 2 右位→油箱。

停止工作时，YA1、YA2、YA3、YA4 都断电。

图 9-4 所示是调速阀并联的二次进给回路。

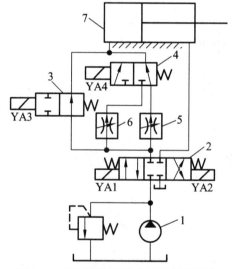

图 9-4　二次进给回路（调速阀并联）

1—液压泵；2, 3, 6—换向阀；4, 5—调速阀；7—液压缸

活塞向右快进时，YA1 通电，YA2、YA3、YA4 均断电，其油路情况如下：

进油路：液压泵 1→换向阀 2 左位→换向阀 3 右位→液压缸 7 左腔。

回油路：液压缸 7 右腔→换向阀 2 左位→油箱。

活塞向右一次工进时，YA1、YA3 通电，YA2、YA4 断电，其油路情况如下：

进油路：液压泵 1→换向阀 2 左位→调速阀 5→换向阀 4 右位→液压缸 7 左腔。

回油路：液压缸 7 右腔→换向阀 2 左位→油箱。

活塞向右二次工进时，YA1、YA3、YA4 通电，YA2 断电，其油路情况如下：

进油路：液压泵 1→换向阀 2 左位→调速阀 6→换向阀 4 左位→液压缸 7 左腔。

回油路：液压缸 7 右腔→换向阀 2 左位→油箱。

活塞向左快退时，YA2 通电，YA1、YA3、YA4 断电，此时油路情况如下：

进油路：液压泵 1→换向阀 2 右位→液压缸 7 右腔。

回油路：液压缸 7 左腔→换向阀 3 右位→换向阀 2 右位→油箱。

任务二　动力滑台油路结构分析

组合机床要完成两次工作进给，所以采用两个调速阀，因换速不易过大，故采用串联方式，如图 9-5 所示。

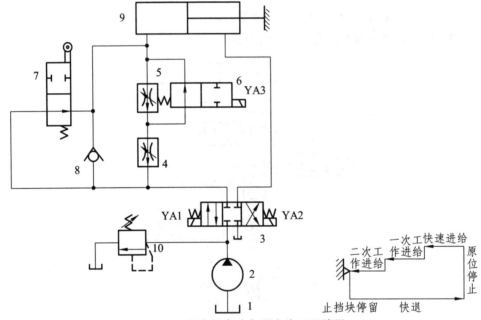

图 9-5　组合机床动力滑台液压回路图

1—油箱；2—液压泵；3—三位四通换向阀；4，5—调速阀；6—二位二通电磁换向阀；
7—二位二通行程换向阀；8—单向阀；9—液压缸；10—溢流阀

1. 快速进给

电磁换向阀 3 的电磁铁 YA1 通电，使其左位接入系统，这时系统油路工作情况如下：

（1）进油路：液压泵 2→电磁换向阀 3（左位）→行程阀 7→液压缸左腔（无杆腔）。

（2）回油路：液压缸右腔→电磁换向阀 4（左位）→油箱。

2. 一次工作进给

当滑台快速运动到预定位置时，滑台上的挡块压下行程阀 7，使快速油路切断。这时电磁铁 YA1 继续通电，控制油路未变，但主油路中的液压油必经调速阀 4 和二位二通电磁换向阀，这时的主油路如下：

（1）进油路：液压泵→电磁换向阀 3（左位）→调速阀 4→二位二通电磁换向阀 6（左位）→液压缸左腔。

（2）回油路：液压缸右腔→电磁换向阀 3（左位）→油箱。

3. 二次工作进给

第一次工作进给终了时，挡块压下行程开关，使电磁铁 YA3 通电，二位二通电磁换向阀 6 处于右位工作，油路关闭，滑台实现第二次工作进给，这时的主油路如下：

（1）进油路：液压泵→电磁换向阀 3（左位）→调速阀 4→调速阀 5→液压缸左腔。

（2）回油路：同第一次工作进给。

4. 快速退回

使电磁铁 YA2 通电，YA1、YA3 断电，这时的油路如下：

（1）进油路：液压泵→电磁换向阀 3（右位）→液压缸右腔（有杆腔）。

（2）回油路：液压缸左腔→单向阀 8→电磁换向阀 3（右位）→油箱。

5. 原位停止

当滑台退回到原位时，行程挡块压下行程开关发出信号，使 2YA 失电，换向阀 3 处于中位，液压缸失去液压动力源，滑台停止运动。

实践操作

1. 仔细阅读组合机床液压系统图（见图 9-5）

读图提示：

（1）阅读程序框图。通过阅读程序框图大体了解液压回路的概况和动作顺序及要求等。

（2）液压回路图中表示的位置（包括各种阀、执行元件的状态等）均为停机时的状态。因此，要正确判断各行程发信元件此时所处的状态。

（3）在回路图中，线条不代表管路的实际走向，只代表元件与元件之间的联系与制约关系。

2. 准备所需的元件（见表 9-1）

表 9-1　所需元件

元件名称	元件图片	数　量
液压泵		1
双作用单杆液压缸 （活塞杆固定）		1
三位四通 O 型电磁换向阀		1
油箱		1
油管及其管接头		若干
溢流阀		1
二位二通电磁换向阀		1
调速阀		2
行程阀		1

　　准备提示：对照安装明细表准备好各个元件并仔细检查，必须确保型号一致、性能合格、调整机构灵活、显示灵敏准确。如果发现问题，要及时处理，决不可将就使用。

3. 安装元件并连接钻床液压回路（见图 9-6）

操作提示：

（1）油管布置平直整齐，减少长度和转弯。这样既美观，又能使检修方便，也减少了沿程压力损失和局部压力损失。对于较复杂的油路系统，还可避免检修拆卸后重装时接错。

（2）安装泵和阀时，必须注意：各油口的方位，按照上面的标记对应安装。接头处要紧固、密封，无漏油、漏气。尤其是板式元件，要注意进出油口处的密封圈，决不可缺失、脱落或错位。

图 9-6 连接元件

（3）安装前要检查各阀、泵的转动或移动，应灵活无卡死、呆滞等情况。一般元件的卡死、呆滞现象多由保管不当进入灰尘、产生水锈或调整不当等引起，可通过清洗、研磨、调整加以消除。

（4）安装各种阀时，应注意进油口与回油口的方位，某些阀如将进油口与回油口装反，会造成事故。

（5）安装前应检验压力表。这对以后的调整工作极为重要，可避免因仪表不准确而造成事故。

4．调试、运行

操作提示：

（1）调试之前要检查油管连接处是否紧固，若发现漏油或喷油，请立即按"停止"按钮后检查，否则会产生危险。

（2）泵启动前应检查油温。

（3）一般调整压力和流量的阀件，顺时针方向旋转时，增加压力或流量；逆时针方向旋转时，减少压力或流量。

（4）调速阀 5 的调定值要小于调速阀 4。

5. 停机、维护

操作提示：

（1）停机断电后做好相应的清洁工作，将每个元件及油管都擦拭干净后再放入相应位置，之后再将试验台擦干净。

（2）液压油要定期检查、更换。

（3）使用中应注意过滤器的工作情况，滤芯应定期清理或更换。

🛶 知识拓展

组合机床（transfer and unit machine），是以系列化和标准化的通用部件为基础，配以少量专用部件，对一种或多种工件按预先确定的工序进行切削加工的机床，如图 9-7 所示。兼有万能机床和专用机床的优点。通用零部件通常占整个机床零部件的 70%～90%，只需要根据被加工零件的形状及工艺改变极少量的专用部件就可以部分或全部进行改装，从而组成适应新的加工要求的设备。由于在组合机床上可以同时从几个方向采用多把刀具对一个或数个工件进行加工，所以可减少物料的搬运和占地面积，实现工序集中，改善劳动条件，提高生产效率和降低成本。将多台组合机床联在一起，就成为自动生产线。组合机床广泛应用于需大批量生产的零部件，如汽车等行业中的箱体等。另外，在中小批量生产中也可应用成组技术将结构和工艺相似的零件归并在一起，以便集中在组合机床上进行加工。

图 9-7　组合机床

组合机床一般采用多轴、多刀、多工序、多面或多工位同时加工的方式，生产效率比通用机床高几倍至几十倍。由于通用部件已经标准化和系列化，可根据需要灵活配置，能缩短设计和制造周期。因此，组合机床兼有低成本和高效率的优点，在大批、大量生产中得到广泛应用，并可以组成自动生产线。

组合机床一般用于加工箱体类或特殊形状的零件。加工时，工件一般不旋转，由刀具的旋转运动和刀具与工件的相对进给运动，来实现钻孔、扩孔、锪孔、铰孔、镗孔、铣削平面、切削内外螺纹以及加工外圆和端面等。有的组合机床采用车削头夹持工件使之旋转，由刀具做进给运动，也可实现某些回转体类零件（如飞轮、汽车后桥半轴等）的外圆和端面加工。

组合机床的通用部件按功能分为动力部件、支承部件、输送部件、控制部件和辅助部件5类。

动力部件为机床提供主运动和进给运动，主要有动力箱（将电动机的旋转运动传递给主轴箱）、切削头（装在各个主轴上，用于各单一工序的加工）、动力滑台（用于安装动力箱或切削头，以实现进给运动）；支承部件用以安装动力滑台，包括各种底座和支架；输运部件用以输送工件或主轴箱至加工工位；控制部件用以控制机床的自动工作循环；辅助部件包括润滑、冷却和排屑装置等。根据配置形式，组合机床可分为单工位和多工位两大类。其中，单工位组合机床按被加工面的数量又有单面、双面、三面和四面4种，通常只能对各个加工部位同时进行一次加工；多工位组合机床则有回转工作台式、往复工作台式、中长立柱式和回转鼓轮式4种，能对加工部位进行多次加工。

控制部件是用以控制机床的自动工作循环的部件，有液压站、电气柜和操纵台等。辅助部件有润滑装置、冷却装置和排屑装置等。

巩固练习

1. 分析图9-8所示的液压回路，要求：（1）写出元件1~6的名称；（2）填写电磁动作顺序表；（3）写出液压缸工进时进、回油路线。

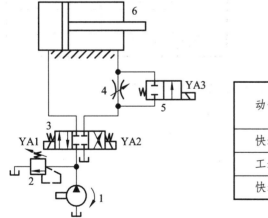

动作	电磁铁		
	YA1	YA2	YA3
快进			
工进			
快退			

图9-8 题1图

2. 分析图9-9所示的液压回路，要求：（1）写出元件1~6的名称；（2）填写电磁动作顺序表；（3）写出液压缸快进时进、回油路线。

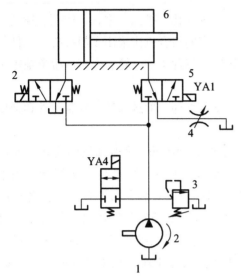

动作	电磁铁		
	YA1	YA2	YA4
快进			
工进			
快退			
缸原位停止及泵卸荷			

图 9-9　题 2 图

3. 分析图 9-10 所示的液压回路，要求：（1）写出元件 1～4 的名称；（2）填写电磁动作顺序表；（3）写出液压缸中进时进、回油路线。

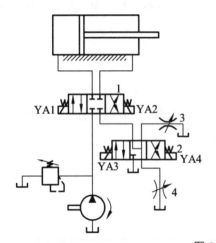

动作	电磁铁			
快进	YA1	YA2	YA3	YA4
中进				
慢进				
快退				
缸原位停止				

图 9-10　题 3 图

项目十　汽车起重机变幅机构

项目描述

起重机的变幅机构的作用是改变起重吊臂的倾角，将重物在垂直面上从一个位置转移到另一个位置。

教学目标

1. 能力目标

通过理论知识的探索学习，培养学生发现问题、解决问题的能力。

2. 知识目标

（1）掌握平衡回路的作用、方法及工作原理。
（2）掌握卸荷回路的作用、方法及工作原理。
（3）巩固顺序阀、换向阀中位机能的应用。

3. 素质目标

培养解决实际问题的能力。

项目分析

观察与思考：起重机的变幅机构是个变幅液压缸，当缸的活塞杆伸出时，可将伸缩臂顶起，使之和车体形成一定的夹角，如图 10-1 所示。想一想是用什么样的回路实现的呢？

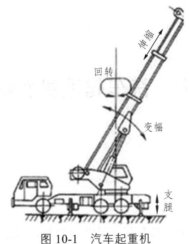

图 10-1　汽车起重机

🌿 问题探究

任务一　平衡回路和卸荷回路

一、平衡回路

许多机床或机电设备的执行机构是沿垂直方向运动的，这些机床设备的液压系统无论在工作或停止时，始终都会受到执行机构较大重力负载的作用。如果没有一相应的平衡措施将重力负载平衡，就会造成机床设备执行装置的自行下滑或操作时的动作失控，其后果将十分严重。平衡回路的功能在于使液压执行元件的回油路始终保持一定的背压力，用来平衡执行机构重力负载对液压执行元件的作用力，使之不会因自重作用而自行下滑，实现液压系统对机床设备动作的平稳、可靠控制。

1. 采用单向顺序阀的平衡回路

图 10-2（a）是采用单向顺序阀的平衡回路。调整顺序阀，使其开启压力与液压缸下腔作用面积的乘积稍大于垂直运动部件的重力。当活塞下行时，由于回油路上存在一定的背压来支承重力负载，只有在活塞的上部具有一定压力时活塞才会平稳下落；当换向阀处于中位时，活塞停止运动，不再继续下行。此处的顺序阀又被称作平衡阀。在这种平衡回路中，当顺序阀调整压力调定后，若工作负载变小，则泵的压力需要增加，这将使系统的功率损失增大。由于滑阀结构的顺序阀和换向阀存在内泄漏，很难使活塞长时间稳定地停在任意位置，这会造成重力负载装置下滑。故这种回路适用于工作负载固定且对液压缸活塞锁定定位要求不高的场合。

2. 采用液控单向阀的平衡回路

图 10-2（b）所示为采用液控单向阀的平衡回路。由于液控单向阀 1 为锥面密封结构，其闭锁性能好，能够保证活塞较长时间停止在某位置处不动。在回油路上串联单向节流阀 2，用于保证活塞下行运动的平稳性。假如回油路上没有串接节流阀 2，活塞下行时液控单向阀 1 被进油路上的控制油打开。由于回油腔没有背压，运动部件由于自重而加速下降，造成液压缸上腔供油不足而压力降低，使液控单向阀 1 因控制油路降压而关闭，加速下降的活塞突然停止。阀 1 关闭后控制油路又重新建立起压力，阀 1 再次被打开，活塞再次加速下降。这样不断重复，由于液控单向阀时开时闭，使活塞一路抖动向下运动，并产生强烈的噪声、振动和冲击。

3. 采用远控平衡阀的平衡回路

工程机械液压系统中常采用图图 10-2（c）所示的远控平衡阀的平衡回路。这种远控平衡阀是一种特殊阀口结构的外控顺序阀。它不但具有很好的密封性，能起到对活塞长时间的锁闭定位作用，而且阀口的开口大小能自动适应不同载荷对背压压力的要求，保证了活塞下降速度的稳定性不受载荷变化影响。这种远控平衡阀又称为限速锁。

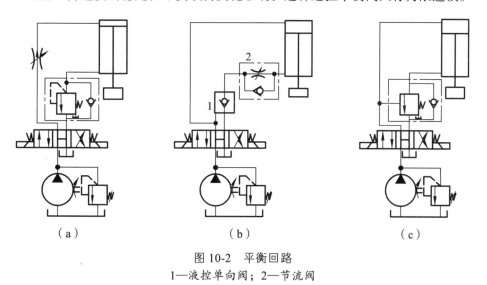

图 10-2 平衡回路

1—液控单向阀；2—节流阀

二、卸荷回路

卸荷回路的功用是在液压泵驱动电动机不频繁启闭的情况下，使液压泵在功率损耗接近零的情况下运转，以减少功率损耗，降低系统发热，延长液压泵和电动机的寿命。因为液压泵的输出功率为其流量和压力的乘积，因而两者任一近似为零，功率损耗即近似为零。液压泵的卸荷有流量卸荷和压力卸荷两种：前者主要是使用变量泵，使泵仅为补偿泄漏而以最小流量运转，此方法比较简单，但泵仍处在高压状态下运行，磨损比较严重；压力卸荷的方法是使泵在接近零压下运转。

常见的压力卸荷方式有换向阀卸荷回路、二通换向阀卸荷回路、用先导式溢流阀卸荷的卸荷回路，如图 10-3 所示。

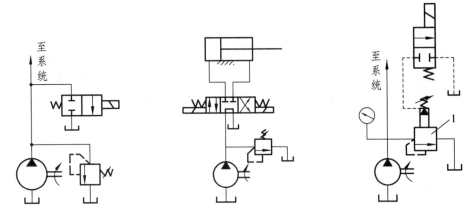

（a）二位二通换向阀卸荷回路 （b）H（M）型中位机能换向阀 （c）先导式溢流阀卸荷回路
卸荷回路

图 10-3　卸荷回路

如图 10-3（a）所示，当采用中位机能 O、P、Y 型的三位换向阀时，需要在液压泵的旁路并联一个二位二通换向阀，这样当阀处在中位时，液压泵输出的油液可通过二位二通换向阀的右位流回油箱，实现液压泵的卸荷。这种卸荷方法简单，但在阀换向时易产生压力冲击，适用于低压、小流量和平稳性要求不高的场合。

如图 10-3（b）采用 H（M）型中位机能换向阀卸荷回路，当换向阀处在中位时，液压泵可以方便地实现卸荷。当换向阀左位工作时，液压缸向右伸出，当换向阀处在右位时，液压缸向左缩回，当换向阀中位工作时，液压缸停止运动，液压泵输出的油液经换向阀流回油箱。

图 10-3（c）是采用溢流阀实现的卸荷回路，此时溢流阀要选用先导式溢流阀，同时必须并联一个二位通换向阀构成复合阀，才能实现卸荷。其工作原理：当液压回路需要换向时，将二位二通电磁换向阀接先导式溢流阀的远程控制口，液压泵输出的压力油经先导式溢流阀的外控口流回油箱，使液压泵实现卸荷。这种卸荷回路换向时冲击力较小，卸荷压力也较小。但是这样回路容易产生较大的振动和噪声，主要是二位二通换向阀在切换时，管中残留的空气会引起压力脉动。这种回路有一定的滞后现象，适用于远程控制泵的卸荷场合。

任务二　变幅机构油路结构分析

图 10-2（a）中内控式平衡阀串接在液压缸下行的回油路上，其调定压力略大于运

动部件自重在液压缸下腔中形成的压力，内控式平衡阀的调定压力大于负载压力。当换向阀处于中位时，自重在液压缸下腔形成的压力不足以使内控式平衡阀开启，防止了运动部件的自行下滑；当换向阀处于左位时，活塞下行，顺序阀开启后在活塞下腔建立的背压平衡了自重，活塞以供给液压缸上腔的流量所提供的速度平稳下行，避免了超速。此种回路，活塞下行运动平稳，但顺序阀调定后，所建立的背压即为定值，若下行过程中超越负载是变化的，压力须按最大超越负载力来调定，那么超越负载变小时，将产生过平衡而增加供油压力，造成不必要的能量消耗，故此种平衡回路仅适用于超越负载不变的场合，或者负载变化小的场合，不太适用于变负载场合。图 10-2（c）是采用外控式平衡阀的平衡回路，平衡阀的节流口随控制压力变化而变化，控制压力升高，节流口变大，控制压力降低，节流口变小，控制压力消失，阀口单向关闭（相当于单向阀功能）。这种回路适用于所平衡的超越负载有变化的场合。如超越负载变大时，液压缸上腔的压力（即平衡阀的控制压力）则降低，平衡阀节流口自动变小，背压升高以平衡变大的超越负载；反之，超越负载变小，节流口自动变大，背压降低以适应变小的超越负载。当换向阀处于中位时，控制压力消失，平衡阀关闭，活塞停止运动。综上分析，对于起重机的工作情况，应该采用外控式，如图 10-4 所示。

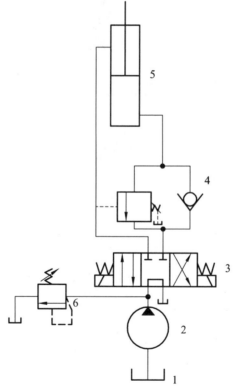

图 10-4　汽车起重机变幅机构液压回路图

1—油箱；2—液压缸；3—三位四通电磁换向阀；4—单向顺序阀（外控式）；
5—液压缸；6—溢流阀

🔧 **实践操作**

1. 仔细阅读起重机的变幅机构液压系统图（见图 10-4）

读图提示：

（1）阅读程序框图。通过阅读程序框图大体了解液压回路的概况和动作顺序及要求等。

（2）液压回路图中表示的位置（包括各种阀、执行元件的状态等）均为停机时的状态。因此，要正确判断各行程发信元件此时所处的状态。

（3）在回路图中，线条不代表管路的实际走向，只代表元件与元件之间的联系与制约关系。

2. 准备所需的元件（见表 10-1）

表 10-1　所需元件

元件名称	元件图片	数　量
液压泵		1
双作用单杆液压缸	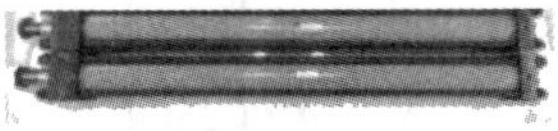	1
三位四通 M 型电磁换向阀		1
油箱		1
油管及其管接头		若干
溢流阀		1
单向顺序阀（外控）		1

准备提示：对照安装明细表准备好各个元件并仔细检查，必须确保型号一致、性能合格、调整机构灵活、显示灵敏准确。如果发现问题，要及时处理，决不可将就使用。

3. 安装元件并连接钻床液压回路（见图 10-5）

图 10-5　连接元件

操作提示：

（1）油管布置平直整齐，减少长度和转弯。这样既美观，又能使检修方便，也减少了沿程压力损失和局部压力损失。对于较复杂的油路系统，还可避免检修拆卸后重装时接错。

（2）安装泵和阀时，必须注意：各油口的方位，按照上面的标记对应安装。接头处要紧固、密封，无漏油、漏气。尤其是板式元件，要注意进出油口处的密封圈，决不可缺失、脱落或错位。

（3）安装前要检查各阀、泵的转动或移动，应灵活无卡死、呆滞等情况。一般元件的卡死、呆滞现象多由保管不当进入灰尘、产生水锈或调整不当等引起，可通过清洗、研磨、调整加以消除。

（4）安装各种阀时，应注意进油口与回油口的方位，某些阀如将进油口与回油口装反，会造成事故。

（5）安装前应检验压力表。这对以后的调整工作极为重要，可避免因仪表不准确而造成事故。

4. 调试、运行

操作提示：

（1）调试之前要检查油管连接处是否紧固，若发现漏油或喷油，请立即按"停止"按钮后检查，否则会产生危险。

（2）泵启动前应检查油温。

（3）平衡阀的调定值不能大于系统压力。

5. 停机、维护

操作提示：

（1）停机断电后做好相应的清洁工作，将每个元件及油管都擦拭干净后再放入相应位置，之后再将试验台擦干净。

（2）液压油要定期检查、更换。

（3）使用中应注意过滤器的工作情况，滤芯应定期清理或更换。

（4）设备若长期不用，应将各调节旋钮全部放松，防止弹簧产生永久变形而影响元件的性能。

知识拓展

在液压系统工作时，如果液压缸或液压马达的负荷为垂直水平的载荷，并且运动方向和重力与作用力方向一致时，就要用平衡阀使回路上产生油流阻力，防止运动失去控制。平衡阀在液压起重机的起升、变幅和伸缩油路中应用较多。例如在起升油路中，重物下降时，如果在起升马达的回路上没有设平衡阀，则在重力作用下，液压马达会越转越快，甚至产生事故。平衡回路要求结构简单，闭锁性能好，工作可靠，无冲击。

平衡回路的作用：任何平衡回路工作过程中均有三种运动状态：即举重上升、承载静止、负载下行。

1. 举重上升

在汽车起重机的伸缩、变幅、起升3种机构中，平衡阀前端（油源方向）经高压软管与中心回转接头、操纵阀相连，后端经高压钢管与执行元件、液压缸或马达相连。当机构运动方向与负载重力作用方向相反时，即当外伸、起升、变幅缸上举时，平衡阀只起通路作用，同时，执行元件有杆腔液压油经另一条油路流回油箱；当平衡阀与手动换向阀之间的管路（多为高压软管）损坏漏油时，平衡阀能封闭无杆腔油液，使负载停留在空中原位置不动，避免造成坠落事故，可起到安全保护作用。

2. 承载静止

当机构停止工作时，平衡阀内部油路被锁死封闭，其顺序阀也是完全关闭的，截止了执行元件的回油路，使机构和负载按需要停留在任意位置，称其为"位置锁定"。

3. 负载下行

当机构运动方向与负载重力作用方向一致时，通过平衡阀的油量能够防止因负载和机构本身的重力作用而使机构产生加速运动，可起到控制负载下降速度的作用，故平衡阀又叫限速阀。限速的作用是，执行元件排出的液压油经平衡阀中的顺序阀节流口后返回油箱，产生的节流阻力等于负载和机构本身的重力再加上进油压力，因此机构不会产生加速运动。此时阀的节流限速作用类似于平衡配重，因此才叫平衡阀。在汽车起重机的整机检测中，将平衡阀的限速作用，称之为"回缩限速"。

巩固练习

问　答

1. 卸荷回路有何作用？

2. 平衡回路有何作用？

3. 常见的压力卸荷方式有哪些？并画出其油路图。

4. 平衡回路常用哪几种方法？各有什么特点？

项目十一　汽车起重机液压系统的识读

📖 项目描述

汽车起重机是一种工程机械，起重负荷大，要求输出较大的力或力矩，故其采用中高压液压系统。由于它是一种机动设备，经常变换工作场所，为了能在有冲击、振动和温度变化较大的环境下正常工作，要求系统有很高的安全可靠性，如图 11-1 所示。

图 11-1　汽车起重机

该液压系统所要完成的动作顺序为：放下支腿→调整吊臂长度→调整吊臂起落角度→起吊→回转→放下→收起支腿。

💡 教学目标

1. 能力目标

锻炼学生分析问题、解决问题的能力。

2. 知识目标

（1）掌握汽车起重机几个工作过程分别使用哪些元件及各元件的作用；分析由哪些回路组成。

（2）能够熟练识读整个系统图。

3. 素质目标

培养综合分析问题、逐一解决问题的能力。

项目分析

观察与思考：观察起重机的整个工作过程，并分析其液压系统图。

问题探究

任务一 探究液压系统图的识读方法

液压系统图反映了液压系统所采用的液压元件的类型、电动机规格、液压系统的动作顺序、控制方式等内容。使用或维修液压设备前，应先熟悉液压系统图，其步骤如下：

（1）首先根据液压设备的功用和性能特点，尽可能了解该设备的用途、特性、工作循环对液压系统提出的要求。

（2）初步浏览整个系统图，了解系统图中包含哪些元件及各元件之间的联系，分清主油路和控制油路。以执行元件为中心，将系统分解为若干个子系统。

（3）读懂子系统。对每一个执行元件及与之有联系的液压阀、液压泵等组成的子系统进行分析，弄清该子系统由哪些基本回路组成。然后依据工作循环及电磁铁动作顺序表，分析该系统工作状态转换是由何处发信元件发出信号，使哪些控制元件动作，从而改变其通路状态的。

（4）读懂整个系统。根据液压设备中各执行元件间顺序动作、同步、互不干扰等要求，分析各子系统之间的联系，进而弄清液压系统是如何实现这些要求的。

（5）在读懂整个系统的基础上，归纳总结出整个系统的特点，以加深对系统的理解。

液压传动在机械制造、工程机械、运输、船舶、航空、航天等领域有着广泛的应用，因各种设备的工作要求不同，其液压系统的组成、工作原理和特点也不尽相同。

任务二 识读起重机液压系统图

图 11-2 为起重机液压系统图。

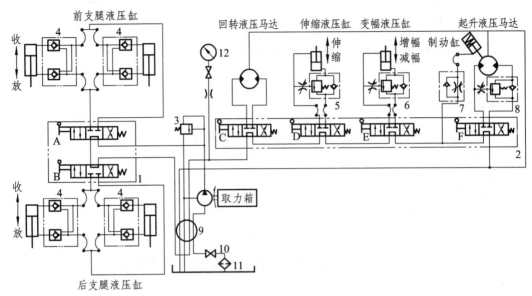

图 11-2　起重机液压系统图

1，2—手动换向阀组；3—溢流阀；4—双向液压锁；5，6，8—单向顺序阀；7—调速阀；
9—回转接头；10—塞门；11—过滤器；12—压力表

一、支腿下放

（1）后支腿放下进油路：液压泵→手动换向阀组1B→双向液压锁4→后支腿液压缸上腔。回油路：后支腿液压缸下腔→双向液压锁4→手动换向阀组1B→回转接头9→油箱。

（2）前支腿放下进油路：液压泵→手动换向阀组1A→双向液压锁4→前支腿液压缸上腔。回油路：前支腿液压缸下腔→双向液压锁4→手动换向阀组1A→回转接头9→油箱。

二、吊臂伸缩

（1）伸臂进油路：液压泵→手动换向阀组2D→单向顺序阀5→伸缩液压缸下腔。回油路：伸缩液压缸上腔→手动换向阀组2D→回转接头9→油箱。

（2）缩臂进油路：液压泵→手动换向阀组2D→伸缩液压缸上腔。回油路：伸缩液压缸上腔→单向顺序阀5→手动换向阀组2D→回转接头9→油箱。

三、吊臂变幅

（1）增幅进油路：液压泵→手动换向阀组2E→单向顺序阀6→变幅液压缸下腔。回油路：变幅液压缸上腔→手动换向阀组2E→回转接头9→油箱。

（2）减幅进油路：液压泵→手动换向阀组2E→变幅液压缸上腔。回油路：变幅液压缸下腔→单向顺序阀6→手动换向阀组2E→回转接头9→油箱。

四、回转机构

回转机构回路比较简单，通过手动换向阀 2C 就可获得左转、停止、右转三种不同的工况。转盘回转速度较低，一般为 1 ~ 3 r/min。驱动转盘的液压马达转速也不高，故不必设置马达制动回路。

五、起升机构

（1）重物起升进油路：液压泵→手动换向阀组 2F→单向顺序阀 8→起升液压马达正转。回油路：起升液压马达→手动换向阀组 2F→回转接头 9→油箱。

（2）重物下落进油路：液压泵→手动换向阀组 2F→起升液压马达反转。回油路：起升液压马达→单向顺序阀 8→手动换向阀组 2F→回转接头 9→油箱。

六、支腿收起

（1）收起前支腿进油路：液压泵→手动换向阀组 1A→双向液压锁 4→前支腿液压缸下腔。回油路：前支腿液压缸上腔→双向液压锁 4→手动换向阀组 1A→回转接头 9→油箱。

（2）收起后支腿进油路：液压泵→手动换向阀组 1B→双向液压锁 4→后支腿液压缸下腔。回油路：后支腿液压缸上腔→双向液压锁 4→手动换向阀组 1B→回转接头 9→油箱。

Q2-8 型汽车起重机液压系统的特点如下：

（1）系统采用了平衡回路、锁紧回路和制动回路，保证起重机工作的平稳及安全、可靠。

（2）系统采用手动换向阀串联油路，各机构的动作既可独立进行，又可在空载或轻载作业时，实现任意组合并同时动作，以提高工作效率。

（3）系统采用"M"型中位机能换向阀组的控制，能减少功率损耗，适用于起重机间歇性工作。

知识拓展

1. 电液换向阀

在大中型液压设备中，当通过阀的流量较大时，作用在滑阀上的摩擦力和液动力较大，此时电磁换向阀的电磁铁推力相对太小，需要用电液换向阀来代替电磁换向阀。电液换向阀是由电磁滑阀和液动滑阀组合而成的，如图 11-3 所示。电磁滑阀起先导作用，它可以改变控制液流的方向，从而改变液动滑阀阀芯的位置。由于操纵液动滑阀的液压推力可以很大，所以主阀芯的尺寸可以做得很大，允许有较大的油液流量通过，这样用较小的电磁铁就能控制较大的液流。

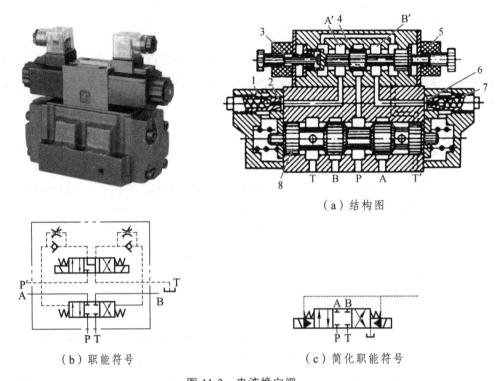

（a）结构图

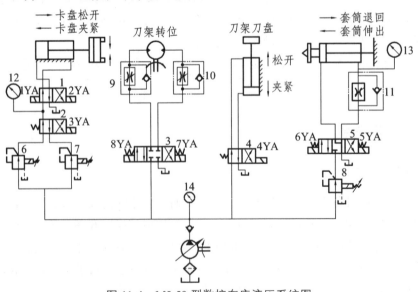

（b）职能符号　　　　　　　　（c）简化职能符号

图 11-3　电液换向阀

1，6—节流阀；2，7—单向阀；3，5—电磁铁；4—电磁阀阀芯；8—主阀阀芯

2. MJ-59 型数控车床液压系统图的识读

图 11-4 为 MJ-59 型数控车床液压系统图。

图 11-4　MJ-59 型数控车床液压系统图

1，2，3，4，5—电磁换向阀；6，7，8—减压阀；9，10，11—单向调速阀；12，13—压力表

液压系统原理分析如下：

（1）卡盘的夹紧与松开。

主轴卡盘的夹紧与松开，由电磁阀 1 控制。卡盘的高压与低压夹紧转换，由电磁阀 2 控制。当卡盘处于正卡（也称外卡）且在高压夹紧状态下，夹紧力的大小由减压阀 6 来调节。当卡盘处于外卡且在低压夹紧状态下，夹紧力的大小由减压阀 7 来调整。

高压夹紧：YA1 通电、YA3 断电，换向阀 1 和 2 均位于左位。夹紧力的大小可通过减压阀 6 调节。这时液压缸活塞左移使卡盘夹紧，阀 6 的调定值高于阀 7，卡盘处于高压夹紧状态。松夹时，使 YA1 断电、YA2 通电，换向阀 1 切换至右位，活塞右移，卡盘松开。

低压夹紧：这时 YA3 通电而使换向阀 2 切换至右位，液压油经减压阀 7 进入。通过调节阀 7 便能实现低压状态下的夹紧力。

（2）回转刀架动作。

回转刀架换刀时，首先是刀盘松开，之后刀盘就转到指定的刀位，最后刀盘夹紧。刀盘的夹紧与松开，是由电磁阀 4 控制，由液压缸执行。刀盘可正反旋转，是由电磁阀 3 控制，由液压马达来执行的，其转速分别由单向调速阀 9 和 10 调节控制。自动换刀过程是刀盘松开→刀盘通过左转或右转就近到达指定到位→刀盘夹紧。因此，电磁铁的动作顺序是 YA4 通电（刀盘松开）→YA8（正转）或 YA7（反转）通电（刀盘旋转）→YA7 或 YA8 断电（刀盘停止旋转）→YA4 断电（刀盘夹紧）。

（3）尾座套筒伸缩动作。

尾座套筒伸出与退回的控制回路由电磁阀 5、减压阀 8、调速阀 11 组成。减压阀 8 将系统压力降为尾座套筒顶紧所需的压力。单向调速阀 11 用于在尾座套筒伸出时实现回油节流调速控制伸出的速度。当 6YA 通电时，套筒伸出。当 5YA 通电时，套筒退回。

数控车床液压系统的特点如下：

（1）系统采用变量叶片泵供油，减少了能量损失。

（2）系统采用不同减压阀调节卡盘高压夹紧或低压夹紧时的压力大小、尾座套筒伸出工作时的预紧力大小，可适应不同工件的需要。

（3）系统采用双向液压马达实现刀架的转位，可实现无级调节，并能控制刀架的正转、反转。

（4）系统在断电时刀盘夹紧，消除了加工过程中突然停电所引起的事故隐患。

巩固练习

分析组合机床动力滑台液压系统（见图 11-5）。

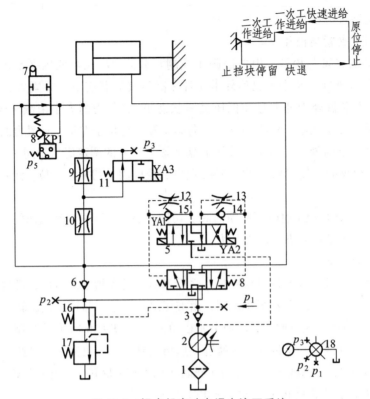

图 11-5　组合机床动力滑台液压系统

第二部分　气压传动

项目十二　电车、汽车自动开门装置

项目描述

电车是用电作动力的公共交通工具，电能从架空的电源线供给。电车是许多大城市的重要城市交通工具。其车门是为驾驶员和乘客提供出入车辆的通道，并隔绝车外干扰，在一定程度上减轻侧面撞击，保护乘员。

教学目标

1. 能力目标

培养学生细心观察的能力。

2. 知识目标

（1）掌握气压传动的工作原理、系统组成及各部分作用。
（2）了解气源净化装置的作用及各元件的作用。
（3）掌握换向阀控制换向回路的工作原理。
（4）掌握电气控制线路的设计方法及工作原理。

3. 素质目标

培养学生善于观察、动手操作的能力。

项目分析

观察与思考：图 12-1 中电车车门的打开和关闭是利用什么原理控制的呢？又是如何实现的呢？

图 12-1　电车

问题探究

任务一　气压传动元件

一、气压传动的工作原理

图 12-2 为气压传动系统图。

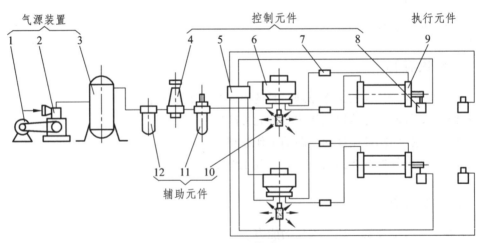

图 12-2　气压传动系统

1—电动机；2—空气压缩机；3—储气罐；4—压力控制阀；5—逻辑元件；6—方向控制阀；
7—流量控制阀；8—机控阀；9—气缸；10—消声器；11—油雾器；12—空气过滤器

　　其工作原理概括为压缩空气的产生与净化、净化空气的调节与控制、执行机构完成工作机的要求。

气源装置是由电动机 1 带动空气压缩机 2 产生压缩空气，经冷却、油水分离后进入储气罐 3 备用；压缩空气从储气罐引出，经空气过滤器 12 再次净化，然后经减压阀 4、油雾器 11、逻辑元件 5、换向阀 6 和流量阀 7 到达气缸 9，通过机控阀 8 控制完成气缸所需的动作。此外还要满足一些其他的要求，如用消声器 10 来消除噪声等。

二、气压传动的基本组成

经过对上述系统的工作原理分析可知，气压传动基本由四大部分组成。

1. 气源装置

它将原动机的机械能转化为空气的压力能，是获取压缩空气的装置，如各种形式的空气压缩机。

2. 执行元件

它把压缩空气的压力能转换为机械能，以驱动负载。执行元件包括气缸和气马达等。

3. 控制元件

它是控制气动系统中的压力、流量和方向的，从而保证执行元件完成所要求的运动规律，如各种压力阀、流量阀和方向阀等。

4. 辅助元件

保持压缩空气清洁、干燥、消除噪声以及提供润滑等作用，以保证气动系统正常工作，如过滤器、干燥器、消声器和油雾器等。

三、气动元件

气压传动元件主要由气源装置、气动辅助元件、气动控制元件和气动执行元件组成。

1. 气源装置

气源装置的主体是空气压缩机，是气动系统的动力源。

（1）分类。

空气压缩机的种类很多，按照工作原理的不同，可分为容积式和动力式两大类。在气压传动中，多采用容积式空气压缩机。按照结构的不同，容积式空气压缩机可分为往复式和旋转式，往复式细分为活塞式和膜片式；旋转式细分为叶片式、螺杆式和涡旋式。其中，最常用的是活塞式空气压缩机。各种类型的压缩机都有不同的特点，应用日益广泛。如 20 世纪 90 年代末期问世的涡旋式压缩机，其在低噪声、长寿命等方面大大优于其他形式的压缩机，而被誉为"环保型压缩机"，已经得到压缩机行业的关注和认可。

（2）工作原理。

容积式空气压缩机的工作原理类似于容积式液压泵。卧式空气压缩机的工作原理如图 12-3 所示，通过曲柄滑块机构使活塞做往复直线运动，使气缸内容积的大小发生周期性的变化，从而实现对空气的吸入、压缩和排放过程。

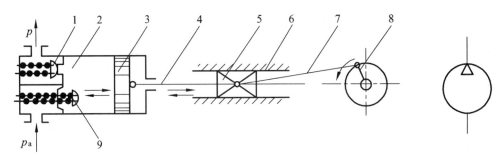

（a）压缩机工作原理　　　　　　　　（b）图形符号

图 12-3　活塞式空气压缩机工作原理

1—排气阀；2—气缸；3—活塞；4—活塞杆；5，6—十字头与滑道；
7—连杆；8—曲柄；9—吸气阀

> 📖 小知识
>
> 选择空气压缩机的主要依据是气动系统的工作压力和流量。选择工作压力时，考虑到沿程压力损失，气源压力应比气动系统中工作装置所需的最高压力大 20%左右。至于气动系统中工作压力较低的工作装置，则可采用减压阀减压供气。空气压缩机的输出流量以整个气动系统所需的最大理论耗气量为选择依据，再考虑泄漏等影响加上一定的余量。

2. 气动控制元件

气动控制元件可分为压力控制阀、流量控制阀、方向控制阀和气动逻辑元件等。在气动系统中，利用气动控制元件组成的各种气动控制回路，控制和调节压缩空气的压力、流量和流动方向等，从而使气动执行元件按设定的程序工作。

（1）压力控制阀。

压力控制阀按功能可分为减压阀、溢流阀和顺序阀等。压力控制阀的工作原理是利用阀芯上压缩空气的作用力和弹簧力相平衡的原理来工作的。

气动系统中，一般气源压力都高于每台设备所需的压力，而且许多情况下是多台设备共用一个气源。利用减压阀可以将气源压力降低到各个设备所需的工作压力，并保持出口压力稳定。气动减压阀也称为调压阀，与液压减压阀一样，都是以阀的出口压力作为控制信号。调压阀按调压方式不同可分为直动式和先导式。

图 12-4 所示为 QTY 型直动式减压阀及图形符号。阀处于工作状态时，顺时针旋转手柄 1，向下压缩弹簧 2 和 3 以及膜片 5，迫使阀芯 8 下移，从而使阀口 10 被打开，压缩空气从左端输入，经阀口 10 减压后从右端输出。输出气体一部分经阻尼管 7 进入膜片气室 6，对膜片 5 产生向上的推力，当作用在膜片 5 上的推力略大于等于弹簧力时，阀芯 8 便保持在某一平衡位置并保持一定的开度，减压阀也得到了一个稳定的输出压力值。减压阀工作过程中，当输入压力增大时，输出压力也随之增大，膜片 5 所受到向上的推力也相应增大，使膜片 5 上移，阀芯 8 在出口气压和复位弹簧 9 的作用下也随之上移，阀口 10 开度减小，减压作用增强，输出压力下降，输出压力又基本上重新维持到原值。反之，若输入压力减小，则阀的调节过程相反，平衡后仍能保持输出压力基本不变。

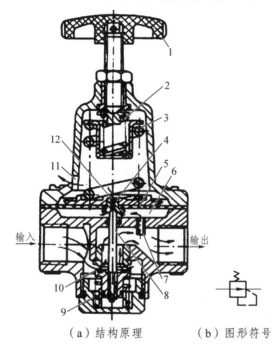

（a）结构原理　　　（b）图形符号

图 12-4　QTY 型直动式减压阀

1—手轮；2，3，9—弹簧；4—阀座；5—膜片；6—气室；7—阻尼孔；8—阀芯；
10—阀口；11—排气孔；12—溢流孔

📖小知识

　　在实际使用中，由于普通空气过滤器、减压器和油雾器这三个元件在气动系统中一般是必不可少的，因而常把它们组合在一起，这种组合件称为气源调节装置，即气动三联件。减压阀应安装在空气过滤器之后、油雾器之前，安装时应注意减压阀的箭头方向和气动系统的气流方向相符。

（2）方向控制阀。

方向控制阀是气动系统中应用最多的一种元件，用以改变压缩空气的流动方向和气流的通断，从而控制执行元件的启动、停止及其运动方向。按阀内气体的流动方向分类，方向控制阀可分为单向型和换向型两种。

换向型控制阀种类很多，其基本原理是通过转换气流的通路，改变压缩空气的流动方向，从而改变气动执行元件的运动方向。与液压换向阀类似，气动换向型控制阀按切换位置和管路接口的数目也可分为几位几通阀。另外，根据其控制方式的不同，又可分为气压控制、电磁控制、机械控制、手动控制和时间控制阀等。

（3）电磁换向阀的工作原理及图形符号。

如图 12-5（a）所示，电磁铁失电，A 口与 T 口相通，P 口不通；如图 12-5（b）所示，电磁铁得电 P 口与 A 口相通，T 口不通。图形符号如图 12-5（c）所示。

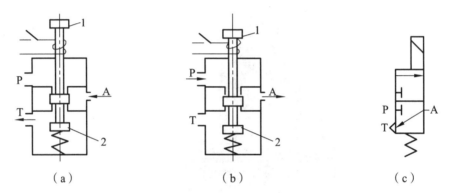

（a）　　　　　　　（b）　　　　　　　（c）

图 12-5　电磁换向阀的工作原理及图形符号
1—电磁铁；2—阀芯

3. 气动执行元件

气动执行元件用来将压缩空气的压力能转化为机械能，从而实现所需的直线运动、摆动或回转运动等。与液压系统相似，气动执行元件主要有气缸和气马达两大类。

气缸是气动系统中最常用的一种执行元件，用于实现往复直线移动，输出推力和位移，分为双作用气缸和单作用气缸。

双作用气缸两端都可进气，活塞双方向的往复直线运动都由压缩空气驱动完成。图12-6 所示为单杆双作用气缸，是应用最为广泛的一种普通气缸。由于活塞两侧的受压面

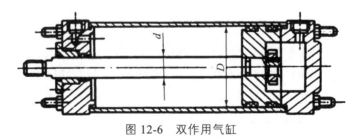

图 12-6　双作用气缸

积不等，因此其往复运动的速度和输出力也不相等。对于双杆双作用气缸，则由于活塞两端的活塞杆直径相同，可以得到相同的往复运动速度和输出力。双杆双作用气缸应用较少，常用于气动加工机械及包装机械设备上。

任务二　气压传动回路

气压传动基本回路是由一些气动元件组成，并且能够完成气动系统的某一特定的功能。气动基本回路主要有压力控制回路、速度控制回路和方向控制回路等。

一、单作用气缸换向回路

图 12-7 所示为单作用气缸换向回路。图 12-7（a）为由二位三通电磁换向阀控制的换向回路。当换向阀电磁铁通电时，活塞杆在气压作用下伸出，而断电时换向阀复位，活塞杆在弹簧力作用下缩回。图 12-7（b）为由三位五通电磁阀控制的换向回路。它与前者不同的是，它能在换向阀两侧电磁铁均为断电，即中位工作时，使气缸停留在任意位置。但由于气体的可压缩性，活塞的定位精度不高，而且停止时间不能过长。

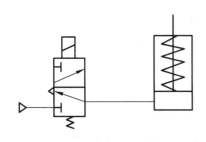
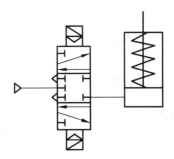

（a）二位三通换向回路　　　　　　（b）三位五通阀换向回路

图 12-7　单作用气缸换向回路

二、双作用气缸换向回路

如图 12-8 所示，当左侧电磁铁得电、右侧电磁铁失电时，气源与缸的左腔相连，缸右腔与排气口相通，活塞杆向右运动。当右侧电磁铁得电、左侧电磁铁失电时，气源与缸右侧相连，缸左腔与排气口相通，活塞杆向左运动。当两个电磁铁都失电时，缸停止运动。

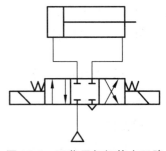

图 12-8　双作用气缸换向回路

任务三 开门装置气路结构分析

想一想：电车开门装置应采用哪些元件来完成工作呢？

如图 12-9 所示，当气缸退回时，关门；气缸前进时，开门。

电磁铁动作顺序如下：

CT1 失电，气源关；

CT1 得电、CT2 失电关门；

CT1 得电、CT2 得电开门。

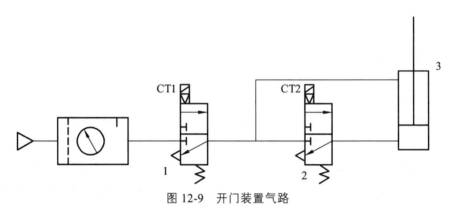

图 12-9 开门装置气路

![图标] **实践操作**

1. 识读原理图（见图 12-9）

读图提示：

（1）明确气缸的动作和电磁铁的动作顺序，了解气动回路的概况和要求等。

（2）气动回路图中表示的位置（包括各种阀、执行元件的状态等）均为停机时的状态。因此，要正确判断各行程发信元件此时所处的状态。

（3）详细检查各管道的连接情况。在绘制气动回路图时，为了减少线条数目，有些管路在图中并未表示出来，但在布置管路时却应连接上。在回路图中，线条不代表管路的实际走向，只代表元件与元件之间的联系与制约关系。

2. 安装气动元件

选择所需的气动元件，将它们有布局地卡在铝型材上（见图 12-10）。

操作提示：

（1）安装前应查看阀的铭牌，注意型号、规格与使用条件是否相符，包括电源、工作压力、通径和螺纹接口等。

图 12-10　安装气动元件

（2）减压阀前安装过滤器。油雾器必须安装在减压阀的后面。

（3）合理布局，以免连接元件时，气管错杂混乱。

3. 连接气动回路（见图 12-11）

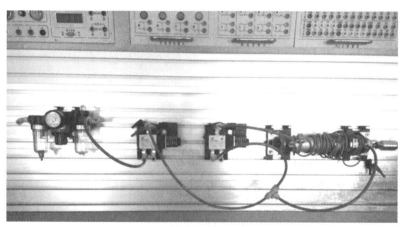

图 12-11　连接气动回路

操作提示：尽量避免气管交叠在一起。

4. 调试气动回路

操作提示：

（1）集气时要保证空气压缩机的排气口是关闭的。

（2）熟悉气源，向气动系统供气时，首先要把压力调整到工作压力范围（一般为 0.4～0.5 MPa）。然后观察系统有无泄漏，如发现泄漏处，应先解决泄漏问题。调试工作一定要在无泄漏的情况下进行。

5. 连接电气图（见图 12-12）

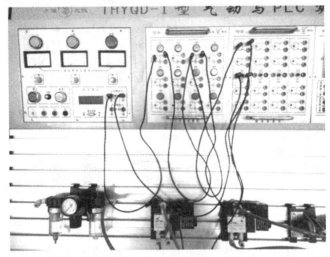

图 12-12　连接电气图

按照图 12-13，在模块上将线路连接好。

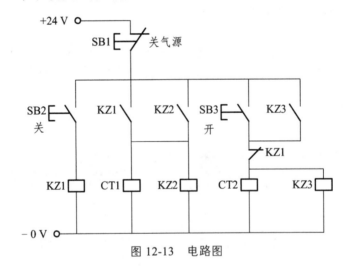

图 12-13　电路图

操作提示：

（1）线与线之间避免交错在一起，以便检查。

（2）注意此时实验设备的电源要断开。

（3）检查指示灯是否发亮，如有发亮，则表示电路连接有误，需检查并将其正确连接。

6. 开车运行

仔细检查后，按下启动按钮，打开气泵的放气阀，压缩空气进入三联件，调节减压阀，使压力为 0.4 MPa，当按下 SB2 后，CT1、KZ2、KZ1 得电，同时相应的触点也动作。电磁阀 1 动作。由系统图可知，气缸首先退回（关门），当按下 SB3 后，CT2、KZ3 得电、系统变成差动前进（开门），当再次按下 SB2 后，KZ1 的常闭触点断开，SB3 回路断电，CT2 复位，气缸退回（关门），这样就周而复始地开关门了。当按下 SB1 后，气源关。

操作提示：

（1）严格按照以上操作步骤进行操作，注意安全。

（2）如发现错误，请停机断电之后再检查。

7. 停机维护

关闭气源，将管路里的压缩空气排尽后，再将所有元件小心地从设备上取下来放进元件柜中，将电线拆下将顺放在一起，同时清洁实训设备，如图 12-14 所示。

图 12-14　停机维护

日常维护提示：

（1）每天应将过滤器中的水排放掉。检查油雾器的油面高度及油雾器调节情况。

（2）每周应检查信号发生器上是否有铁屑等杂质沉积。查看调压阀上的压力表。检查油雾器的工作是否正常。

（3）每三个月检查管道连接处的密封，以免泄漏。更换连接到移动部件上的管道。检查阀口有无泄漏。用肥皂水清洗过滤器内部，并用压缩空气从反方向将其吹干。

（4）每六个月检查气缸内活塞杆的支承点是否磨损，必要时需更换。同时，应更换刮板和密封圈。

（5）气缸拆下长期不使用时，所有加工表面应涂防锈油，进排气口加防尘塞。

（6）系统使用中应定期检查各部件有无异常现象，各连接部位有无松动；油雾器、气缸、各种阀的活动部位应定期加润滑油。

知识拓展

一、气动辅助元件

气动辅助元件主要有过滤器、干燥器、消声器和油雾器等。由于空气压缩机产生的压缩空气含有油污、水分和灰尘等杂质，必须经过降温、除油、干燥和过滤等一系列处理后才能供气动系统使用。

1. 冷却器

由于压缩气体时，气体体积缩小、压强增大、温度随之升高，因此空气压缩机的排气温度一般可达 140~170 ℃。冷却器安装于空气压缩机的排气口，用来冷却排出的压缩空气，并将其中在高温下汽化的水汽、油雾等冷凝成水滴和油滴析出。冷却器有风冷式和水冷式两种，一般采用水冷式。图 12-15 所示为蛇管式冷却器。热压缩空气在冷水蛇形管外流动，通过管壁冷却。应注意冷却水与热空气的流动方向相反，以达到较佳的冷却效果。除蛇管式外，水冷式冷却器还有套管式、列管式、散热片式和板式等。

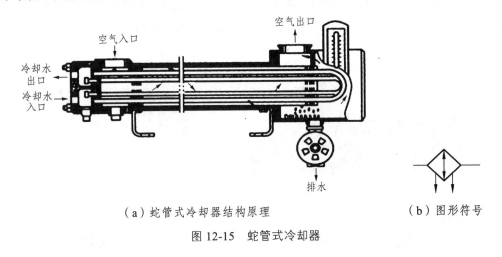

（a）蛇管式冷却器结构原理　　　　　　　（b）图形符号

图 12-15　蛇管式冷却器

2. 除油器

除油器又称为油水分离器，用于分离压缩空气中凝聚的水分和油分等杂质，以初步净化空气。除油器有撞击挡板式、环形回转式、离心旋转式和水浴式等。如图 12-16 所

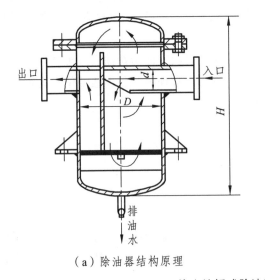

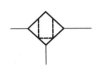

（a）除油器结构原理　　　　　　　　（b）图形符号

图 12-16　撞击挡板式除油器

示为撞击挡板式除油器。压缩空气从入口进入，受到隔离板的阻挡转而向下流动，再折返向上回升并形成环形气流，气体最后通过除油器上部从出口流出。空气流动过程中，由于油分和水分的密度比空气大，在惯性力和离心力的作用下分离析出，沉降于除油器底部，定期打开阀门排出。

3. 储气罐

储气罐用来储存空气压缩机排出的气体，可以减小输出压缩空气的压力脉动，增大其压力稳定性和连续性，进一步分离水分和油分等杂质，并在空气压缩机意外停机时，避免气动系统立即停机。储气罐一般采用圆筒状焊接结构，有立式和卧式两种，大多为立式。如图 12-17 所示，立式储气罐的高度 H 为其内径 D 的 $2\sim3$ 倍，进气口在下、出气口在上，而且应尽量使二者间距离较远，以利于分离油水杂质。在生产实践中，冷却器、除油器和储气罐三者一体的结构形式现在已有应用，使得压缩空气站的设备大为简化。

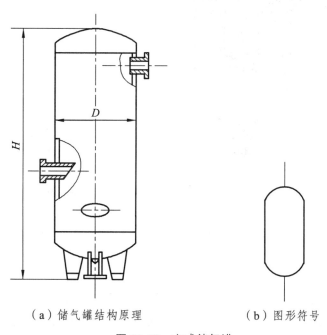

（a）储气罐结构原理　　　　　　　　（b）图形符号

图 12-17　立式储气罐

4. 干燥器

经过冷却器、除油器和储气罐三者初步净化处理后的压缩空气已能满足一般气动系统的使用要求，但对于一些精密机械和仪表等装置，还需进行进一步的干燥和精过滤处理。目前使用的干燥器主要有吸附式、冷冻式和潮解式（吸收式）三种。

5. 过滤器

过滤器用来清除压缩空气中的水分、油分和固体颗粒杂质，按过滤效率由低到高可分为一次过滤器、二次过滤器和高效过滤器三种。

一次过滤器也称简易空气过滤器，由壳体和滤芯组成，滤芯材料多为纸质或金属。空气在进入空气压缩机之前必须先经过一次过滤器的过滤。

二次过滤器也称空气过滤器或分水滤气器，图12-18所示为其结构简图。压缩空气由输入口引入带动高速旋转的旋风叶子 1，其上开有许多成一定角度的缺口，迫使空气沿切线方向强烈旋转，从而使空气中的水分、油分等杂质因离心力而被分离出来，沉降于存水杯3的底部，然后空气通过中间的滤芯2，得到再次过滤，最后经输出口输出。挡水板4的作用是防止水杯底部的污水被卷起，污水可通过定期打开手动排水阀5排出。某些不便手动操作的场合，可采用自动排水装置。

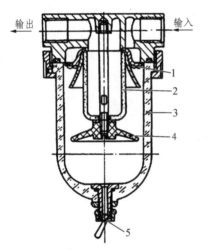

（a）空气过滤器结构原理　　　　　　　（b）图形符号

图 12-18　手动式空气过滤器

1—旋风叶子；2—滤芯；3—存水杯；4—挡水板；5—手动排水阀

6. 油雾器

气动系统中的气动控制阀、气动马达和气缸等大都需要润滑。油雾器是一种特殊的润滑装置，它可将润滑油雾化后混合于压缩空气中，并随其进入需要润滑的部位。这种润滑方法具有润滑均匀、稳定、耗油量少和不需要大的储油设备等优点。过滤器、油雾器和减压阀常组合使用，统称气动三大件。

图12-19所示为普通油雾器的结构示意图。气动系统在正常工作时，压缩空气经入口1进入油雾器，大部分经出口4输出，一小部分通过小孔2进入截止阀10，在钢球12的上下表面形成压力差，和弹簧力相平衡，钢球处于阀座的中间位置，压缩空气经阀10侧面的小孔进入储油杯5的上腔A，使油面压力增高，润滑油经吸油管11向上顶开单向阀6，继续向上再经可调节流阀7流入视油器8内，最后滴入喷嘴小孔3中，被从入口到出口的主管道中通过的气流引射出来成雾状，随压缩空气输出。当气动系统不工作即没有压缩空气进入油雾器时，钢球在弹簧力的作用下向上压紧在截止阀10的阀座上，封

住加压通道，阀处于截止状态。在气动系统正常工作过程中，若需向储油杯5中添加润滑油时，可以不停止供气而实现加油。此时只需拧松油塞9，储油杯5的上腔A立即和外界大气沟通，油面压力下降至大气压，钢球在其上方的压缩空气的作用下向下压紧在截止阀10的阀座上，封住加压通道；同时由于吸油管11中的油压下降，单向阀6也处于截止状态，防止压缩空气反向通过节流阀7和吸油管11倒灌入储油杯5，从而实现气动系统在不停气的情况下添加润滑油。

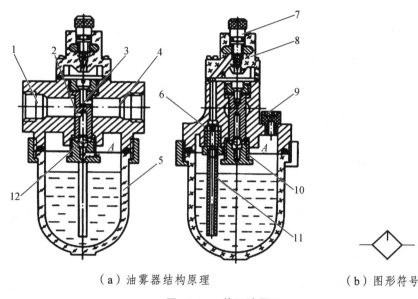

（a）油雾器结构原理　　　　　　　（b）图形符号

图 12-19　普通油雾器

1—气流入口；2，3—小孔；4—出口；5—储油杯；6—单向阀；7—节流阀；
8—视油器；9—油塞；10—截止阀；11—吸油管；12—钢球

7. 消声器和转换器

气动系统用后的压缩空气一般直接排入大气，由于气体体积急剧膨胀而产生刺耳的噪声。为降低噪声，可在气动装置的排气口安装消声器。常用的消声器按消声原理不同，可分为吸收型消声器、膨胀干涉型消声器和膨胀干涉吸收复合型消声器三种。

气动控制系统中经常综合应用到气、电、液三方面，例如利用电来产生、处理和输送电信号，利用气动进行控制，最后通过液力驱动等。转换器即是实现气、电、液三者间信号相互转换的辅件。常用的转换器有：气-电、电-气和气-液等。

二、气压传动的优缺点

气压传动与机械传动、液压传动相比具备了如下优点：

（1）以空气为工作介质，来源易得，无污染，不需设回收管道。

（2）介质清洁，管道不易堵塞，而且不存在介质变质、补充和更换问题，维护简单。

（3）空气的黏度很小，因此流动损失小，便于实现集中供气，远距离输送。

（4）气动动作迅速，反应灵敏，借助溢流阀可实现过载自动保护。

（5）成本低廉，工作环境适应性好，可安全可靠地应用于易燃、易爆场合，以及严格要求清洁、无污染的场合，如食品、轻工等环境中。

气压传动的缺点：

（1）气动工作压力低，故气动系统的输出力（或力矩）较小。

（2）空气具有可压缩性，因此不易实现精确的速度和定位要求，系统的稳定性受负载变化的影响较大。

（3）气动系统的排气噪声大，高速排气时需设置消声器。

（4）空气本身无润滑性能，需另加润滑装置。

三、气动元件（其他）

1. 单向型控制阀

单向型控制阀只允许气流向一个方向流动，包括单向阀、或门型梭阀、与门型梭阀和快速排气阀等。单向阀的工作原理、结构和图形符号与液压阀类似，不再赘述。

2. 或门型梭阀

或门型梭阀相当于两个单向阀的组合。如图 12-20 所示，当压缩空气从 P_1 口进入时，阀芯 2 被推向右边，将 P_2 口关闭，气流从 A 口流出；反之，当压缩空气从 P_2 口进入时，则阀芯被推向左边将 P_1 口关闭，气流从 P_2 口流至 A 口。若 P_1 口和 P_2 口同时进气，则哪端压力高，A 口就与哪端相通，而另一端关闭。或门型梭阀的作用相当于逻辑或，广泛应用于逻辑回路和程序控制回路中。

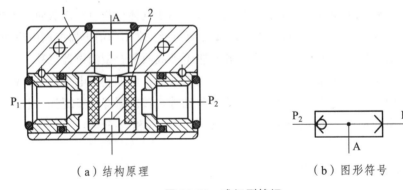

（a）结构原理 　　　　　　　　　　　　（b）图形符号

图 12-20　或门型梭阀

3. 与门型梭阀

与门型梭阀也称为双压阀，相当于两个单向阀的组合。如图 12-21 所示，当仅有 P_1

口或 P_2 口单独供气时，阀芯被推向右端或左端，通入气流的一侧流向 A 口的通路被关闭，无气流输出，但另一侧流向 A 口的通路被打开。当 P_1 口和 P_2 口同时供气时，设 P_1 口气压高，则阀芯被推向右端，将 P_1 口至 A 口的通路切断，而 P_2 口至 A 口的通路被打开，从 P_2 口流入的压缩空气经 A 口输出。可见，只有当 P_1 和 P_2 口都有输入时，才有输出，其作用相当于逻辑与。

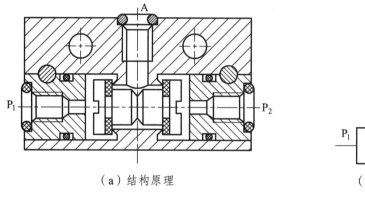

（a）结构原理　　　　　　　　　　（b）图形符号

图 12-21　与门型梭阀

4. 快速排气阀

快速排气阀可以实现气动元件的快速排气。如图 12-22 所示为膜片式快速排气阀结构简图及图形符号。当 P 口有压缩空气输入时，膜片 1 被压下，封住 O 口，气流经膜片四周小孔流至 A 口输出。当 P 口无压缩空气输入时，在 A 口和 P 口的压差作用下，膜片被立即顶起，封住 P 口，气流自 O 口直接流至 A 口排出，排气速度很快。

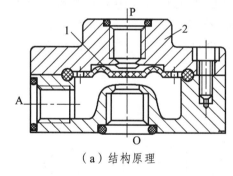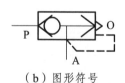

（a）结构原理　　　　　　　　　　（b）图形符号

图 12-22　膜片式快速排气阀
1—膜片；2—阀体

5. 溢流阀

当气动系统中的压力超过设定值时，溢流阀自动打开并排气，以降低系统压力，保证系统安全。因此，溢流阀也称安全阀。溢流阀按控制形式分为直动式和先导式两种。如图 12-23 所示为直动式溢流阀的工作原理图。当气动系统工作时，由 P 口进入压缩空气，当进气压力低于弹簧的调定压力（$p<p_t$）时，阀口被阀芯关闭，如图 12-23（a）所示，溢流阀不工作；而当系统压力逐渐升高并作用在阀芯上的气体压力略大于等于弹簧的调定压力（$p \geqslant p_t$）时，阀芯被向上顶开，溢流阀阀芯开启实现溢流，如图 12-23（b）所示，并保持溢流阀的进气压力稳定在调定压力值上。

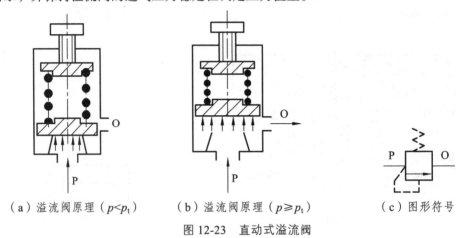

（a）溢流阀原理（$p<p_t$）　（b）溢流阀原理（$p \geqslant p_t$）　（c）图形符号

图 12-23　直动式溢流阀

先导式溢流阀与直动式溢流阀类似，但需加装一个减压阀作为其先导阀，由减压阀设定压力来代替直动式溢流阀中弹簧的调定压力，其流量特性更好。

6. 顺序阀

顺序阀是依靠气路中压力的大小来使阀芯启闭从而控制系统中各个执行元件先后顺序动作的压力控制阀，其工作原理与液压顺序阀基本相同。顺序阀常与单向阀组合成单向顺序阀，如图 12-24 所示。若压缩空气自 P 口进入，当作用在阀芯 3 上的气体压力产生的作用力大于等于弹簧力时，阀芯 3 被向上顶开，气流经 A 口输出。若气流反向流动，压缩空气自 A 口流入时，气体作用力将单向阀 6 顶开，气流经 P 口流出。调节旋钮 1 即可调节单向顺序阀的开启压力。

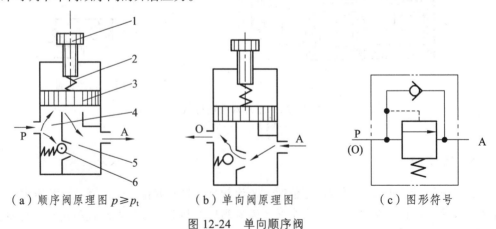

（a）顺序阀原理图 $p \geqslant p_t$　　（b）单向阀原理图　　（c）图形符号

图 12-24　单向顺序阀

1—旋扭；2—弹簧；3—阀芯；4—进气室；5—出气室；6—单向阀

7.气　缸

气缸的种类很多，总体上可按如下方法分类：

按气缸活塞的受压状态可分为：单作用气缸和双作用气缸。

按气缸的结构特征可分为：活塞式气缸、柱塞式气缸、薄膜式气缸、叶片式摆动气缸和齿轮齿条式摆动气缸等。

按气缸的安装方式可分为：固定式气缸、轴销式气缸、回转式气缸和嵌入式气缸等。

按气缸的功能可分为：普通气缸（包括单作用和双作用式气缸）和特殊功能气缸。

（1）普通气缸。

普通气缸有单作用气缸和双作用气缸。

单作用气缸只有一端进气，活塞单方向的直线运动由压缩空气驱动，而活塞的返回则依靠弹簧力或重力等其他外力实现。其结构原理见图 12-25。单作用气缸结构简单、耗气量小，但由于复位弹簧的弹力与其变形大小相关，所以活塞杆的推力和运动速度在其行程中是变化的,故只能用于短行程以及对活塞杆的推力和运动速度要求不高的场合，如定位和夹紧装置等。

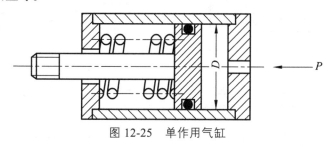

图 12-25　单作用气缸

（2）特殊功能气缸。

常见特殊功能气缸有薄膜式气缸、气液阻尼缸和冲击气缸等。

薄膜式气缸如图 12-26 所示。它主要由缸体、膜片、膜盘和活塞杆等主要零件组成，

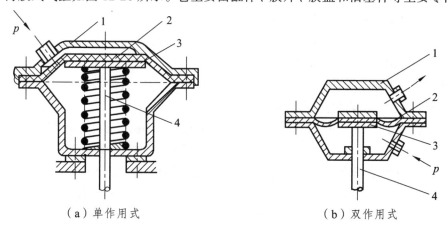

（a）单作用式　　　　　　　　　　（b）双作用式

图 12-26　薄膜式气缸结构简图

1—缸体；2—膜片；3—膜盘；4—活塞杆

利用压缩空气通过膜片的变形推动活塞杆做往复直线运动。其功能类似于活塞式气缸，分单作用式和双作用式两种，薄膜式气缸的膜片可以做成盘形膜片和平膜片两种形式。膜片材料为夹织物橡胶、钢片或磷青铜片等。

　　薄膜式气缸和活塞式气缸相比较，具有结构简单紧凑、制造较容易、成本低、维修方便、寿命长、泄漏小、效率高等优点。但是由于膜片的变形量有限，故其行程短，一般为 40~50 mm，而且气缸活塞杆上的输出力随着行程的加大而减小。薄膜式气缸适用于气动夹具、自动调节阀及短行程场合。

　　气液阻尼缸如图 12-27 所示。普通气缸工作时，由于气体的可压缩性大，当外部载荷变化较大时，会产生"爬行"或"自走"现象，使气缸的工作不稳定。为使气缸活塞运动平稳，可采用气液阻尼缸。

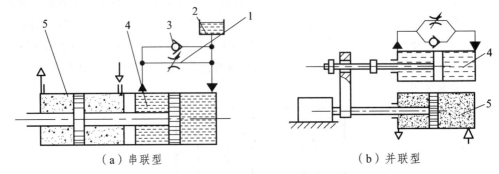

（a）串联型　　　　　　　　　　　　　　　（b）并联型

图 12-27　气液阻尼缸

1—节流阀；2—油箱；3—单向阀；4—液压缸；5—气缸

　　气液阻尼缸由气缸和油缸组合而成，有串联型和并联型两种形式。它以压缩空气为能源，并且利用油液的不可压缩性和控制油液排量来获得活塞的平稳运动以及调节活塞的运动速度。如图 12-27（a）所示，当压缩空气自气缸右端进入时，气缸活塞克服外负载向左移动。由于两活塞固定在一个活塞杆上，因此同时带动液压缸活塞向左运动。此时液压缸左腔排油，单向阀关闭，油液只能经节流阀缓慢流入液压缸右腔，对整个活塞的运动起阻尼作用。调节节流阀的开度能调节活塞的运动速度。当气缸左端供气时，液压缸右腔排油，顶开单向阀，活塞能快速返回原来位置。

　　串联型气液阻尼缸的缸体长，加工与装配的工艺要求高，且两缸间可能产生油气互串现象，而并联型气液阻尼缸则可以克服这些缺点。

　　冲击气缸如图 12-28 所示。冲击气缸是一种较新型的气动执行元件，与普通气缸相比，在结构上增加了一个具有一定容积的蓄能腔和喷嘴。其结构原理为中盖 5 和缸体 8 固定在一起，它和活塞 7 把气缸容积分隔成三部分：蓄能腔 3、活塞腔 2 和活塞杆腔 1。压缩空气进入蓄能腔中，通过喷嘴作用在活塞上。由于此时活塞上端气压作用面积为较小的喷嘴口 4 的面积，而活塞下端受压面积较大（一般设计成喷嘴口面积的 9 倍），活塞杆腔的压力虽因排气而下降，但此时活塞下端向上的作用力仍然大于活塞上端向下的作用力。蓄能腔进一步充气，压力继续增大，活塞杆腔的压力继续降低，活塞上下端的压差逐渐达到能够驱使活塞向下移动，活塞一旦离开喷嘴，蓄能腔内的高压气体突然通过喷嘴口作用在活塞上端的全面积上，使活塞在很大的压力差作用下迅速加速，在很短的时间内获得很大的动能，在冲程达到一定时，获得最大冲击速度和能量，利用这个能量对工件进行冲击做功，可以产生很大的冲击力。冲击气缸广泛应用于锻造、冲压、下料及压坯等方面。

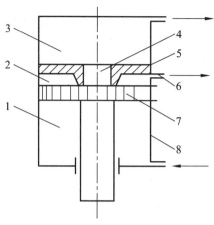

图 12-28　冲击气缸工作原理

1—活塞杆腔；2—活塞腔；3—蓄能腔；4—喷嘴口；5—中盖；6—泄气口；7—活塞；8—缸体

四、气动回路（压力控制回路）

一次压力控制回路主要是用来控制储气罐内的压力，使其不超过规定值。如图 12-29 所示，在空压机的出口安装溢流阀，当储气罐内压力达到调定值时，溢流阀即开启排气。或者也可在储气罐上安装电接点压力计，当压力达到调定值时，用其直接控制空气压缩机的停止或启动。

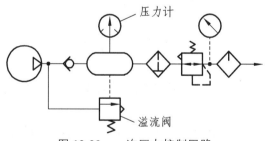

图 12-29　一次压力控制回路

二次压力控制回路主要用来控制气动系统中设备进口处的压力。如图 12-30 所示，

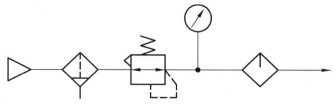

图 12-30　二次压力控制回路

该回路通过安装一个减压阀来实现压力控制，提供给气动设备稳定的工作压力。

高低压转换回路气动系统中，各气动设备所需的工作压力可能不同。如图 12-31 所示的高低压转换回路，采用两个减压阀得到两个不同的控制压力，并用换向阀控制输出气动系统所需的压力。

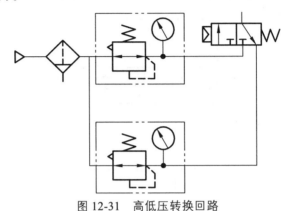

图 12-31　高低压转换回路

巩固练习

一、填　空

1. 气压传动系统的组成是由（　　　）、执行部分、控制部分和辅助部分四大部分组成。

2. 气压传动系统动力部分的元件是（　　　）。

3. 气缸在一般条件下，其平均运动速度约为（　　　）。

4. 气压传动系统中所有的压力控制阀都是利用（　　　）和弹簧力相平衡的原理来进行工作的。

5. 气动回路一般都由空气压缩机集中供气，不设（　　　），空气没有润滑性，气动元件的安装对性能影响较大。

6. 气压传动系统的辅助元件包括冷却器、除油器、储气罐、油雾器、（　　　）管件、压力表等。

7. 冷却器安装在空气压缩机（　　　）的管道上，它能将压缩空气温度降至 40～50 ℃或更低。

8. 除油器（油水分离器）排除冷却器可凝成的（　　　）和油滴。

9. 储气罐用来调节气流，减少的输出气流的（　　　），使输出气流具有流量的连续性和气压的稳定性。

10. 空气过滤器用于滤除外界空气和压缩空气中的水分、灰尘、（　　　），以达到气压系统所要求的净化程度。

11. 油雾器把润滑油雾化后注入压缩空气中并随（　　　）进入需要润滑的部位。

12. 消声器安装在换向阀的排气口处，用以降低使用后的压缩空气直接排入大气所产生的（　　　）。

13. 空气过滤器与（　　　）、油雾器一起构成气源的调节装置（即气动三联件）。

14. 气压传动是以（　　　）作为工作介质，依靠密封工作系统对气体挤压产生的压力能来进行能量转换、传递、控制和调节的一种传动方式。

15. 气压传动工作压力较低，一般在（　　　）以下。

二、判　断

1. 油雾器是气压传动系统的控制元件。　　　　　　　　　　　　　　　（　　　）

2. 消声器应安装在气动装置排气口。　　　　　　　　　　　　　　　　（　　　）

3. 气源三联件（气动三大件）的安装顺序是：减压阀通常安装在油雾器之后。（　　　）

4. 空气压缩机是气压传动的心脏部分。　　　　　　　　　　　　　　　（　　　）

5. 常见的气源装置包括空气压缩机、冷却器、除油器、干燥器、空气过滤器、气缸等。　　　　　　　　　　　　　　　　　　　　　　　　　　　　　　　　（　　　）

6. 干燥器的作用是为了满足精密气动装置用气的需要，把已初步净化的压缩空气进一步净化，吸收和排出其中的水分、油分和杂质，使湿空气变成干空气。　（　　　）

7. 气压传动系统的压力控制回路常用的有一次压力控制回路、二次压力控制回路和三次回路。　　　　　　　　　　　　　　　　　　　　　　　　　　　　（　　　）

8. 气压传动一般噪声较小。　　　　　　　　　　　　　　　　　　　　（　　　）

9. 气压传动不需要设润滑辅助元件。　　　　　　　　　　　　　　　　（　　　）

10. 气压传动不存在泄漏问题。　　　　　　　　　　　　　　　　　　　（　　　）

项目十三　模拟钻床上占孔动作

项目描述

钻床指主要用钻头在工件上加工孔的机床。通常钻头旋转为主运动，钻头轴向移动为进给运动。钻床结构简单，加工精度相对较低，可钻通孔、盲孔，更换特殊刀具，可扩孔、锪孔、铰孔或进行攻丝等加工。加工过程中工件不动，让刀具移动，将刀具中心对正孔中心，并使刀具转动（主运动）。钻床的特点是工件固定不动，刀具做旋转运动，并沿主轴方向进给。

教学目标

1. 能力目标

培养学生勤于动手、善于思考、认真负责的态度。

2. 知识目标

（1）掌握顺序动作控制回路的工作原理。
（2）了解模拟钻床上占孔动作顺序及工作过程。
（3）了解使用电气线路控制动作顺序的电路设计及工作原理。
（4）掌握 PLC 控制程序的编写、录入及外部接线。

3. 素质目标

培养学生节约能源、爱护环境的意识。

项目分析

观察与思考：图 13-1 所示的钻床占孔动作顺序是先将工件夹紧，接下来占头向下运动占孔，占孔后占头先退回，最后松开工件。这些动作应如何实现呢？需要哪些元件来完成？

图 13-1　模拟钻床上占孔

![问题探究图标] 问题探究

任务一　探究节流阀

在气压传动系统中，执行元件的运动速度通常是通过改变流量控制阀的通流面积，以调节压缩空气的流量来实现的。流量控制阀包括节流阀、单向节流阀、排气节流阀和柔性节流阀等，其工作原理与液压的节流阀相似。由于气体的可压缩性，气动流量控制阀的控制精度较低，为提高精度或运动平稳性，可采用气液联动的方式。

一、节流阀

圆柱斜切型节流阀的结构简图及图形符号如图 13-2 所示。压缩空气自 P 口流入，从 A 口流出。旋转阀芯螺杆即可调节阀芯开口面积，从而改变气流流量。

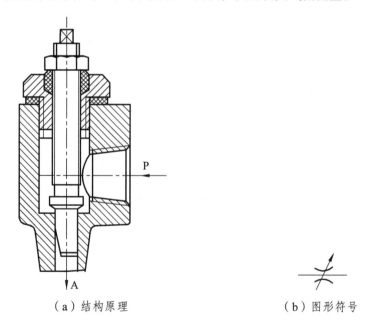

（a）结构原理　　　　　　　　　　（b）图形符号

图 13-2　圆柱斜切型节流阀

二、单向节流阀

单向阀和节流阀组合便可组成单向节流阀。图 13-3 所示为其工作原理及图形符号。当气流从进口 P 流向出口 A 时，经节流阀的节流口 1 而受到控制，调节阀芯 4 便可改变节流口 1 的大小，若气流反向流动，从 A 口流向 P 口时，则气体压力作用力会将单向阀

2 顶开，从而直接到达 P 口流出，此时节流口 1 不再起节流调速作用。

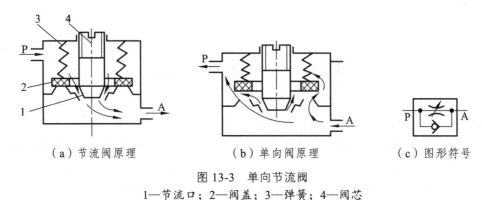

（a）节流阀原理　　　　　（b）单向阀原理　　　　（c）图形符号

图 13-3　单向节流阀

1—节流口；2—阀盖；3—弹簧；4—阀芯

任务二　探究速度控制回路

一、单作用气缸速度控制回路

1. 调速回路

如图 13-4 所示，通过两个反向安装的单向节流阀，可实现对气缸活塞伸出和缩回速度的双向控制。

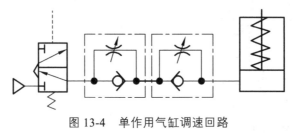

图 13-4　单作用气缸调速回路

2. 快速返回回路

如图 13-5 所示，气缸活塞上升时，可通过节流阀实现节流调速，而活塞下降时，则可通过快速排气阀快速排气，使活塞杆快速返回。

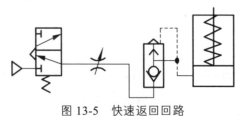

图 13-5　快速返回回路

二、双作用气缸速度控制回路

图 13-6 所示为双作用气缸单向调速回路。图 13-6（a）为进口节流调速回路，图 13-6（b）为出口节流调速回路，通常也称为节流供气和节流排气调速回路。由于采用节流供气时，节流阀的开度较小，造成进气流量小，不能满足因活塞运动而使气缸容积增大所需的进气量，所以易出现活塞运动不平稳及失控现象。故节流供气调速回路多用于垂直安装的气缸，而水平安装的气缸则一般采用节流排气调速回路。在气缸的进、排气口都装上节流阀，则可实现进、排气的双向调速，构成双向调速回路。

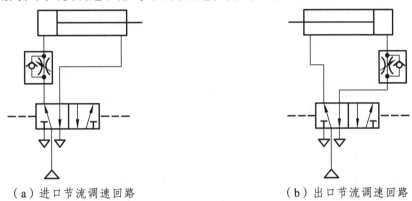

（a）进口节流调速回路　　　　　　（b）出口节流调速回路

图 13-6　双作用气缸单向调速回路

任务三　模拟钻床上占孔动作回路结构

图 13-7 为模拟钻床上占孔的动作回路图。

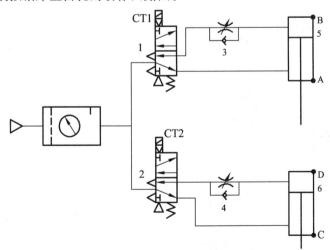

图 13-7　模拟钻床上占孔动作回路

1，2—电磁换向阀；3，4—节流调速阀；5，6—气缸

动作过程如下：

工件夹紧后，占头下占，占好后，站头退回，松开工件。

电磁铁动作如下：

CT1 得电，工件夹紧，当磁性开关 A 发信后，CT2 得电，占头下占，当磁性开关 C 发信后，CT2 失电，占头退回，当磁性开关 D 发信后，CT1 失电，松开工件，等待下一个工件的加工。

实践操作

1. 识读原理图（见图 13-7）

读图提示：

（1）阅读程序框图。通过阅读程序框图大体了解气动回路的概况和动作顺序及要求等。

（2）气动回路图中表示的位置（包括各种阀、执行元件的状态等）均为停机时的状态。因此，要正确判断各行程发信元件此时所处的状态。

（3）详细检查各管道的连接情况。在绘制气动回路图时，为了减少线条数目，有些管路在图中并未表示出来，但在布置管路时却应连接上。在回路图中，线条不代表管路的实际走向，只代表元件与元件之间的联系与制约关系。

2. 安装气动元件

选择所需的气动元件，将它们有布局地卡在铝型材上（见图 13-8）。

图 13-8　安装气动元件

操作提示：

（1）安装前应查看阀的铭牌，注意型号、规格与使用条件是否相符，包括电源、工作压力、通径和螺纹接口等。

（2）减压阀前安装过滤器。油雾器则必须安装在减压阀的后面。

（3）合理布局，以免连接元件时，气管错综混乱。

3. 连接气动回路（见图 13-9）

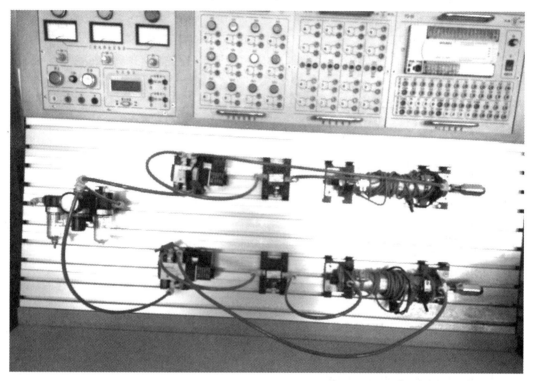

图 13-9　连接气动回路

操作提示：尽量避免气管交叠在一起。

4. 调试气动回路

操作提示：

（1）集气时要保证空气压缩机的排气口是关闭的。

（2）熟悉气源，向气动系统供气时，首先要把压力调整到工作压力范围（一般为 0.4～0.5 MPa）。然后观察系统有无泄漏，如发现泄漏处，应先解决泄漏问题。调试工作一定要在无泄漏情况下进行。

5. 在计算机内输入程序（见图 13-10），并将其气动设备连接

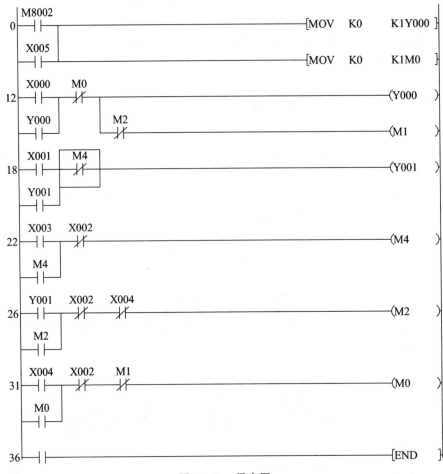

图 13-10　程序图

6. 连接 PLC 外部接线图

按照图 13-11，在模块上将线路连接好。

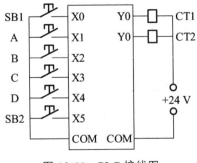

图 13-11　PLC 接线图

操作提示：

（1）线与线之间避免交错在一起，以便检查。

（2）注意此时实验设备的电源要断开。

7. 开车运行

实验操作过程如下：

（1）根据回路图，选择所需的气动元件，将它们有布局地卡在铝型材上，再用气管将它们连接在一起，组成回路。

（2）待老师检查后，按下主面板上的启动按钮，用下载电缆把计算机和 PLC 连接在一起，将 PLC 状态开关拨向"STOP"端，然后再开启 PLC 电源开关，把程序下载到 PLC 主机里。

（3）待老师仔细检查后，按下启动按钮，打开气泵的放气阀，压缩空气进入三联件，调节减压阀，使压力为 0.4 MPa 后，按下 SB1 后，气缸 1 前进，夹紧，到头后，磁性开关 A 发信，缸 2 前进，占孔，到头后，磁性开关 C 发信后，缸 2 退回，到头后，磁性开关 D 发信，缸 1 退回，松开工件，并等待下一个工件的加工。

操作提示：

（1）严格按照以上操作步骤进行操作，注意安全。

（2）如发现错误，请停机断电之后再检查。

8. 停机维护

关闭气源，放尽管路中压缩空气后再将所有元件小心地从设备上取下来放进元件柜中，将电线拆下捋顺好放在一起，同时清洁实训设备。

日常维护提示：

（1）每天应将过滤器中的水排放掉。检查油雾器的油面高度及油雾器调节情况。

（2）每周应检查信号发生器上是否有铁屑等杂质沉积。查看调压阀上的压力表。检查油雾器的工作是否正常。

（3）每三个月检查管道连接处的密封，以免泄漏。更换连接到移动部件上的管道。检查阀口有无泄漏。用肥皂水清洗过滤器内部，并用压缩空气从反方向将其吹干。

（4）每六个月检查气缸内活塞杆的支承点是否磨损，必要时需更换。同时，应更换刮板和密封圈。

（5）气缸拆下长期不使用时，所有加工表面应涂防锈油，进排气口加防尘塞。

（6）系统使用中应定期检查各部件有无异常现象，各连接部位有无松动；油雾器、气缸、各种阀的活动部位应定期加润滑油。

知识拓展

PLC 即可编程逻辑控制器，它采用一类可编程的存储器，用于其内部存储程序，执行逻辑运算、顺序控制、定时、计数与算术操作等面向用户的指令，并通过数字或模拟式输入/输出控制各种类型的机械或生产过程。

可编程逻辑控制器实质是一种专用于工业控制的计算机，如图 13-12 所示。其硬件结构基本上与微型计算机相同，基本构成如下：

图 13-12　可编程逻辑控制器

一、电　源

可编程逻辑控制器的电源在整个系统中起着十分重要的作用。如果没有一个良好的、可靠的电源系统是无法正常工作的，因此，可编程逻辑控制器的制造商对电源的设计和制造也十分重视。一般交流电压波动在 + 10%（ + 15%）范围内，可以不采取其他措施而将 PLC 直接连接到交流电网上去。

二、中央处理单元（CPU）

中央处理单元（CPU）是可编程逻辑控制器的控制中枢。它按照可编程逻辑控制器系统程序赋予的功能接收并存储从编程器键入的用户程序和数据；检查电源、存储器、I/O 以及警戒定时器的状态，并能诊断用户程序中的语法错误。当可编程逻辑控制器投入运行时，首先它以扫描的方式接收现场各输入装置的状态和数据，并分别存入 I/O 映象区，然后从用户程序存储器中逐条读取用户程序，经过命令解释后按指令的规定执行逻辑或算数运算的结果送入 I/O 映象区或数据寄存器内。等所有的用户程序执行完毕之后，最后将 I/O 映象区的各输出状态或输出寄存器内的数据传送到相应的输出装置，如此循环运行，直到停止运行。

为了进一步提高可编程逻辑控制器的可靠性，对大型可编程逻辑控制器还采用双CPU 构成冗余系统，或采用三 CPU 的表决式系统。这样，即使某个 CPU 出现故障，整个系统仍能正常运行。

三、存储器

存放系统软件的存储器称为系统程序存储器。
存放应用软件的存储器称为用户程序存储器。

四、输入输出接口电路

（1）现场输入接口电路由光耦合电路和计算机的输入接口电路组成。其作用是作为可编程逻辑控制器与现场控制的接口界面的输入通道。

（2）现场输出接口电路由输出数据寄存器、选通电路和中断请求电路集成。其作用是可编程逻辑控制器通过现场输出接口电路向现场的执行部件输出相应的控制信号。

五、功能模块

如计数、定位等功能模块。

六、通信模块

当可编程逻辑控制器投入运行后，其工作过程一般分为三个阶段，即输入采样、用户程序执行和输出刷新三个阶段。完成上述三个阶段称作一个扫描周期。在整个运行期间，可编程逻辑控制器的 CPU 以一定的扫描速度重复执行上述三个阶段。

1. 输入采样阶段

在输入采样阶段，可编程逻辑控制器以扫描方式依次读入所有输入状态和数据，并将它们存入 I/O 映象区中的相应的单元内。输入采样结束后，转入用户程序执行和输出刷新阶段。在这两个阶段中，即使输入状态和数据发生变化，I/O 映象区中的相应单元的状态和数据也不会改变。因此，如果输入是脉冲信号，则该脉冲信号的宽度必须大于一个扫描周期，才能保证在任何情况下，该输入均能被读入。

2. 用户程序执行阶段

在用户程序执行阶段，可编程逻辑控制器总是按由上而下的顺序依次地扫描用户程序（梯形图）。在扫描每一条梯形图时，又总是先扫描梯形图左边的由各触点构成的控制线路，并按先左后右、先上后下的顺序对由触点构成的控制线路进行逻辑运算，然后根据逻辑运算的结果，刷新该逻辑线圈在系统 RAM 存储区中对应位的状态，或者刷新该输出线圈在 I/O 映象区中对应位的状态；或者确定是否要执行该梯形图所规定的特殊功能指令。即在用户程序执行过程中，只有输入点在 I/O 映象区内的状态和数据不会发生变化，而其他输出点和软设备在 I/O 映象区或系统 RAM 存储区内的状态和数据都有可能发生变化，而且排在上面的梯形图，其程序执行结果会对排在下面的凡是用到这些线圈或数据的梯形图起作用；相反，排在下面的梯形图，其被刷新的逻辑线圈的状态或数据只能到下一个扫描周期才能对排在其上面的程序起作用。

在程序执行的过程中，如果使用立即 I/O 指令则可以直接存取 I/O 点。即使用 I/O 指令，输入过程影像寄存器的值不会被更新，程序直接从 I/O 模块取值，输出过程影像寄存器会被立即更新，这与立即输入有一定区别。

3. 输出刷新阶段

当扫描用户程序结束后，可编程逻辑控制器就进入输出刷新阶段。在此期间，CPU 按照 I/O 映象区内对应的状态和数据刷新所有的输出锁存电路，再经输出电路驱动相应的外设。这时，才是可编程逻辑控制器的真正输出。

可编程逻辑控制器具有以下鲜明的特点。

（1）使用方便，编程简单。

采用简明的梯形图、逻辑图或语句表等编程语言，而无须计算机知识，因此系统开发周期短，现场调试容易。另外，可在线修改程序，改变控制方案而不拆动硬件。

（2）功能强，性能价格比高。

一台小型 PLC 内有成百上千个可供用户使用的编程元件，有很强的功能，可以实现非常复杂的控制功能。它与相同功能的继电器系统相比，具有很高的性价比。PLC 可以通过通信联网，实现分散控制，集中管理。

（3）硬件配套齐全，用户使用方便，适应性强。

PLC 产品已经标准化、系列化、模块化，配备有品种齐全的各种硬件装置供用户选用，用户能灵活方便地进行系统配置，组成不同功能、不同规模的系统。PLC 的安装接线也很方便，一般用接线端子连接外部接线。PLC 有较强的带负载能力，可以直接驱动一般的电磁阀和小型交流接触器。

硬件配置确定后，可以通过修改用户程序，方便快速地适应工艺条件的变化。

（4）可靠性高，抗干扰能力强。

传统的继电器控制系统使用了大量的中间继电器、时间继电器，由于触点接触不良，所以容易出现故障。PLC 用软件代替大量的中间继电器和时间继电器，仅剩下与输入和输出有关的少量硬件元件，接线可减少到继电器控制系统的 1/10 ~ 1/100，因触点接触不良造成的故障大为减少。

PLC 采取了一系列硬件和软件抗干扰措施，具有很强的抗干扰能力，平均无故障时间达到数万小时以上，可以直接用于有强烈干扰的工业生产现场。PLC 已被广大用户公认为最可靠的工业控制设备之一。

（5）系统的设计、安装、调试工作量少。

PLC 软件功能取代了继电器控制系统中大量的中间继电器、时间继电器、计数器等器件，使控制柜的设计、安装、接线工作量大大减少。

PLC 的梯形图程序一般采用顺序控制设计法来设计。这种编程方法很有规律，很容易掌握。对于复杂的控制系统，设计梯形图的时间比设计相同功能的继电器系统电路图的时间要少得多。

PLC 的用户程序可以在实验室模拟调试，输入信号用小开关来模拟，通过 PLC 上的发光二极管可观察输出信号的状态。完成了系统的安装和接线后，在现场的统调过程中发现的问题一般通过修改程序就可以解决，系统的调试时间比继电器系统少得多。

（6）维修工作量小，维修方便。

PLC 的故障率很低，且有完善的自诊断和显示功能。PLC 或外部的输入装置和执行机构发生故障时，可以根据 PLC 上的发光二极管或编程器提供的信息迅速地查明故障的原因，用更换模块的方法可以迅速地排除故障。

巩固练习

图 13-13 为雨伞试验机气动回路图，试按照动作过程编写 PLC 程序并在试验台上模拟。

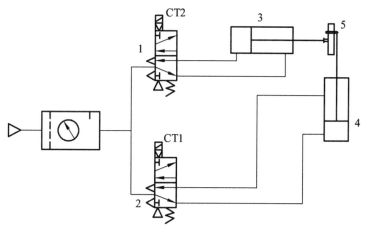

图 13-13　雨伞试验机气动回路图
1，2—电磁换向阀；3，4—气缸；5—雨伞

动作过程要求如下：

缸 4 后退，关伞；缸 3 前进，开伞；缸 4 前进，撑伞。

电磁铁动作如下：

CT1 得电，关伞，到底后，磁性开关 A 发信；CT1 得电、CT1 失电开伞，延时 0.5 s；CT2 失电，撑伞。

参考文献

[1] 潘玉山. 液压与气动技术[M]. 北京：机械工业出版社，2008.

[2] 戴宽强. 液气压传动[M]. 北京：机械工业出版社，2014.

[3] 刘建民，何伟利. 液压与气压传动[M]. 北京：机械工业出版社，2011.

[4] 朱鹏超. 液压与气动[M]. 北京：中国铁道出版社，2007.

[5] 曹玉平. 液压传动与控制[M]. 天津：天津大学出版社，2003.